ALFRED BERTRAND

En Afrique

avec le

Missionnaire Coillard

PARIS — LIBRAIRIE FISCHBACHER

EN AFRIQUE

AVEC LE MISSIONNAIRE COILLARD

Le Missionnaire Coillard et M. Alfred Bertrand.

En Afrique

AVEC LE

Missionnaire Coillard

A travers l'État libre d'Orange, le Pays des ba-Souto, Boulouwayo

DÉPART DE M. COILLARD POUR LE PAYS DES BA-ROTSI.
MON RETOUR PAR LA CÔTE ORIENTALE : MATÉBÉLÉLAND, MASHONALAND.
TERRITOIRE DE LA Cie DE MOZAMBIQUE.
BEIRA. — DIÉGO-SUAREZ AU N.-E. DE MADAGASCAR.

OUVRAGE ILLUSTRÉ DE 38 GRAVURES
d'après les photographies de l'auteur
ET D'UNE CARTE

PAR

Alfred BERTRAND

MEMBRE DE LA SOCIÉTÉ DE GÉOGRAPHIE DE GENÈVE
DE LA SOCIÉTÉ ROYALE DE GÉOGRAPHIE DE LONDRES
DE LA SOCIÉTÉ DE GÉOGRAPHIE DE PARIS
MEMBRE CORRESPONDANT DES SOCIÉTÉS DE GÉOGRAPHIE DE LYON, MARSEILLE,
NEUCHATEL, EST-AFRICAINE D'ITALIE, LISBONNE

GENÈVE
CH. EGGIMANN ET Cie
ÉDITEURS

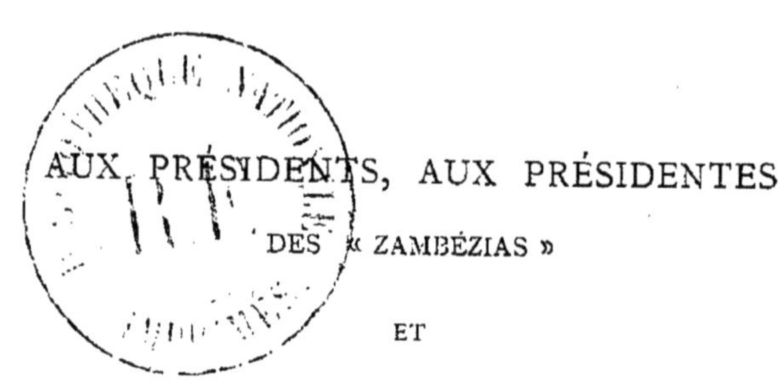

AUX PRÉSIDENTS, AUX PRÉSIDENTES

DES « ZAMBÉZIAS »

ET

AUX AMIS DE LA MISSION CHEZ LES BA-ROTSI

(HAUT-ZAMBÈZE)

ALFRED BERTRAND

IMPRIMERIE CH. EGGIMANN & Cie
PÉLISSERIE, 18, GENÈVE

EN ROUTE

CHAPITRE PREMIER

Le départ. — En Mer. — Aux « Zambézias. »

12 Décembre 1898.

A bord du R. M. S. *Dunvegan Castle.*

APRÈS deux années employées à parcourir l'Europe dans tous les sens pour répondre aux demandes qui lui venaient de France et d'Alsace, de Suisse, de Hollande, de Belgique, d'Ecosse, d'Angleterre, et cela sans aucun souci ni de ses préférences personnelles, ni de sa santé, mais ayant seulement le devoir en vue, M. Coillard, le vénéré fondateur de la mission du Zambèze, prenait place le 10 décembre, à la station de Waterloo, de Londres, dans le train qui devait l'emmener à Southampton, et de nombreux amis étaient venus saluer encore une fois, pour la dernière fois peut-être, ce héros chrétien, le digne successeur de Livingstone, lui qui à son âge, 65 ans, et après avoir travaillé quarante années à l'évangélisation de l'Afrique, retourne au pays de ba-Rotsi reprendre sa vie de privations et de fatigue, mais aussi consolider et développer la belle œuvre de civilisation chrétienne qu'il a entreprise sur cette terre lointaine.

On lui apporte des fleurs, une gerbe de roses. Dans l'assistance voici des représentants des différentes Eglises françaises de Londres ; puis M. Willam Ewing, de Glascow, l'un des directeurs de la Compagnie des lacs africains. Le comte Grey, le directeur de la Compagnie anglaise de l'Afrique du Sud, nous envoie des souhaits de bon voyage par messager spécial ; je suis tout heureux aussi de serrer la main à

M. Henry Vernet, l'ancien consul général de Suisse à Londres.

Les amis particuliers de M. Coillard l'entourent, derniers vœux, et le train se met en marche.

Plusieurs personnes accompagnent M. Coillard jusqu'à Southampton, où d'autres amis l'attendent. A bord du R. M. S. *Dunvegan Castle*, le steamer sur lequel nous naviguerons à destination du Cap, nous trouvons un paquet de lettres et de télégrammes : en voici de Genève, de Paris, de la Zambézia de Lausanne, de Montauban, etc.

Des mouchoirs s'agitent encore, alors que nous sommes déjà partis et au loin.

Sir Dunnald Currie, le directeur de la « Castle Line », ancien ami de M. Coillard et de la mission du Zambèze, nous a fait réserver d'excellentes cabines et nous a donné une lettre d'introduction pour le capitaine Hay, le commandant du *Dunvegan Castle ;* je suis muni de nombreuses lettres de recommandation pour des notabilités sud-africaines.

Hier, la traversée de la baie de Biscaye, de fâcheuse réputation, s'est effectuée d'une manière relativement tranquille ; il y a une quinzaine de jours à peine, dans ces parages, le cargo boat *Cland Drummond* a fait naufrage et l'on me dit que sur soixante hommes d'équipage, vingt-deux seulement ont été sauvés.

Aujourd'hui 12 décembre, la mer est calme, le soleil brille et les teintes déjà plus douces du ciel nous font pressentir les belles gammes de couleurs qui vont sous peu nous réjouir ; les matelots préparent les blanches toiles qui doivent recouvrir le pont et protéger les passagers de la canicule.

Cet après-midi nous naviguions paisiblement, lorsque soudain nous avons en vue à tribord un brick-goëlette qui déploie ses signaux de détresse ; notre steamer décrit un grand cercle pour diminuer sa vitesse, se rapprocher et stopper. Un canot monté par trois hommes se détache du voilier et ne tarde pas à nous accoster; le timonier monte à notre bord, où il est reçu par le premier officier, qui l'attendait à la coupée. Nous apprenons que ce brick-goëlette *Ilvaho*, portugais, fait route de la Nouvelle-Orléans à destination d'Oporto. Il est en mer depuis soixante-huit jours et il y a longtemps qu'il n'y a plus de pain à bord; des ordres sont donnés et en quelques minutes quatre matelots apportent les vivres nécessaires, qui sont déposés au fond du canot. «Bienveillance entre les hommes». Certes les païens n'auraient pas agi de cette manière. Les rameurs font force de rames et longtemps encore le timonier agite son bonnet en signe de reconnaissance; nous reprenons notre route et le brick-goëlette disparaît au loin.

Après-demain nous serons en vue de la gracieuse île de Madère et nous ferons relâche pendant quelques heures à Funchal.

Du Cap, où, si tout va bien, nous pensons arriver le 27 décembre, nous irons dans le Basoutoland, puis à travers l'Etat libre d'Orange, le Transvaal et le Matébéléland à Boulouwayo, où doit s'organiser l'importante expédition que M. Coillard emmène au pays des ba-Rotsi et qui comprendra une colonne de dix-sept missionnaires et artisans-missionnaires européens.

La colonne missionnaire qui accompagnera M. Coillard au Pays des ba-Rotsi (Haut-Zambèze).

Je ne puis pas écrire ces lignes sans exprimer le vœu que les nombreuses « Zambézias » qui ont été fondées récemment en France et en Alsace, en Suisse, en Hollande, en Belgique, en Italie, en Ecosse et en Angleterre, se pénètrent de la tâche à accomplir.

A côté du courant de sympathie réclamé de

chacun de ces groupes, groupes qui doivent être élastiques et s'organiser suivant les différents pays où ils se trouvent et les milieux dans lesquels ils se meuvent, nous demandons à chaque « Zambézia » d'avoir en vue le même but pratique, et, coûte que coûte, de ne pas s'en laisser détourner ; c'est-à-dire de fournir annuellement une somme que chaque « Zambézia » fixe pour elle-même, mais sur laquelle il soit possible de compter, et ce sont ces sommes qui, versées au comité des Missions évangéliques de Paris, pour la caisse spéciale du Zambèze, formeraient une base du budget assurée, d'après laquelle les missionnaires du Zambèze pourraient aller de l'avant. Car, on le sait, la mission du Zambèze, quoique dépendant, au point de vue de la direction, du Comité des Missions évangéliques de Paris, n'émarge pas à son budget, mais elle a une caisse spéciale, qui jusqu'à maintenant n'a été alimentée que par des dons plus ou moins aléatoires, et qui n'offre pas de base stable.

Il s'agit donc, avec l'aide de Dieu, de soulager le Comité des Missions évangéliques de Paris du grand souci provenant de la « Caisse spéciale du Zambèze » et tous les efforts des « Zambézias » doivent tendre à alimenter régulièrement la dite Caisse.

J'ajouterai encore que les « Zambézias » sont reliées entre elles par la « Commission genevoise du Zambèze ». Son dévoué président, M. Edouard Favre, 8, rue des Granges, Genève, se met à la disposition des personnes qui auraient des renseignements à demander au sujet des « Zambézias », de leur organisation, de la feuille les *Nouvelles du Zambèze*, qui leur sert de lien, etc.

N'oublions pas, et ce sera un stimulant pour chaque « Zambézia », le travail déjà accompli au pays des ba-Rotsi par cette poignée de « braves » que l'on appelle « missionnaires... » Ces cinq stations échelonnées le long du grand fleuve sur un parcours de cinq cents kilomètres, qui ont été fondées au milieu de souffrances et de privations dont nous ne pouvons nous faire aucune idée en nos pays civilisés, ces cinq stations, comme j'ai pu le constater moi-même, il y a trois années, lors d'un voyage d'exploration que je fis en ces parages, sont des centres d'évangélisation et d'éducation dont le rayonnement bienfaisant se fait sentir au loin; n'est-ce rien que l'abolition de l'esclavage, la suppression de l'influence des sorciers, de l'infanticide et de ces horribles supplices dont la pensée seule fait frémir d'horreur !

Mais que de travail encore à accomplir ! En effet, qu'est-ce que cinq stations pour un pays dont la superficie est supérieure à celle de la France?

Aujourd'hui, Léwanika, le puissant roi des ba-Rotsi, le suzerain de trente tribus, jadis un homme de sang, Léwanika, dont l'influence s'étend jusqu'au faîte du partage des eaux du Zambèze et du Congo, ouvre son pays à l'influence de l'Evangile.

N'écrivait-il pas récemment à M. Coillard,

qu'il considère comme son meilleur ami et auquel il a donné le titre et le privilège de

Le roi Léwanika autrefois.
D'après une photographie de M. Coillard.

« natomoyo », soit de « ministre de grâce » : « Il y a si longtemps que tu me promets de nouveaux missionnaires, ces missionnaires n'arrivent pas, qu'est-ce que sont donc tes chrétiens d'Europe? »

Le roi Léwanika aujourd'hui.
D'après une photographie de M. Coillard.

Comme pourrait le constater tout voyageur loyal et sincère, il est impossible que ces missionnaires donnent davantage, puisqu'ils ont entièrement fait le sacrifice non seulement de leurs aises, de leur santé, de leur patrie, de leur famille, mais de leur propre vie. Non, nous ne voulons pas infliger à ces héroïques pionniers la plus cruelle épreuve qu'ils puissent ressentir ici-bas, soit celle de ne pas pouvoir consolider et développer leur œuvre faute de ressources. Non, nous ne laisserons pas retourner M. Coillard sur les rives du Zambèze sans qu'il ait la certitude d'être soutenu efficacement. Les « Zambézias » se pénétreront de la grandeur de la tâche à accomplir — « civiliser en christianisant » ; — elles persévèreront dans leurs efforts et elles considèreront comme un privilège de pouvoir, dans la mesure de leurs forces, contribuer à une œuvre aussi belle et aussi noble. En agissant ainsi, nos horizons s'élargiront et nous persuaderons autour de nous que cet effort spécial, loin de nuire à l'œuvre générale de la mission en pays païens, ne peut que la stimuler, la faire connaître, aimer davantage, et par conséquent lui attirer un nouveau courant de sympathie et d'aide matérielle.

ARRIVÉE AU CAP

CHAPITRE II

Noël à bord. — La ville du Cap et ses environs. — Une entrevue avec M. Cecil Rhodes. — Au sommet de la montagne de la Table. — Une nouvelle « Zambézia ».

25 Décembre 1898.

A bord du *Dunvegan Castle* (Océan Atlantique)
25°21′ lat. S., 10°50′ long. E.

Le cri de la vigie de garde se fait entendre ; minuit sonne. Voici Noël. Grâce à une autorisation spéciale, je me trouve sur la passerelle avec l'officier de quart, passerelle d'où le ciel peut être admiré dans toute sa beauté : ici Orion, là Mars, dont les scintillements sont rougeâtres, Sirius, aux reflets bleuâtres, puis devant nous la Croix du Sud.

Ce matin, au moment de déjeuner, les passagers ont été agréablement surpris en voyant la salle à manger ornée de guirlandes de houx, les piliers de chêne disparaissant sous les drapeaux qui servent de tenture. Une branche de gui, placée là, intentionnellement ou non, surplombe la tête d'un jeune clergyman, rose et blanc, qui voyage pour sa santé.

A dix heures et demie, service officiel ; la Bible repose sur le drapeau national et les hymnes sont accompagnées par les musiciens du bord.

Pas besoin de dire que le cuisinier-chef s'est surpassé et qu'aucun détail ne manque au menu du traditionnel dîner de Noël, dont les pièces de résistance sont le roastbeef, les oies et les plum-puddings de rigueur.

*
* *

Nous sommes arrivés au Cap le 27 décembre, après une traversée qui a duré 15 jours et quelques heures.

15 Janvier 1899.

Pendant notre séjour au Cap nous avons été, M. Coillard et moi, les hôtes de M. J.-D. Cartwright[1], grand commerçant et l'un des hommes influents de la région ; il habite une jolie campagne à Wynberg, dans les environs du Cap.

Peu après notre arrivée, nous avons eu la bonne fortune d'avoir une entrevue avec le fameux Cécil Rhodes : c'est un homme à l'aspect imposant, aux yeux clairs, perçants, impératifs; il nous assure qu'il fait tout son possible pour empêcher l'introduction de l'alcool dans la sphère de l'influence de la British South African Company. « I hate liquor for natives ». Je hais que l'on donne de l'alcool aux indigènes,

[1] Aujourd'hui membre du Parlement de la Colonie du Cap.

exclame-t-il avec énergie. Il nous raconte que deux blancs, peu scrupuleux, qui ont contre-

M. le Missionnaire Coillard.

venu à cette loi, ont été récemment punis très sévèrement.

M. Cécil Rhodes, qui s'embarque le même jour pour l'Europe, nous remet quelques lignes qui nous permettent de visiter l'intérieur de sa belle résidence de « Groote Schuur », dont le parc est ouvert au public. Cette résidence, que j'avais déjà admirée en 1895, a été incendiée depuis, mais elle a été reconstruite exactement de la même manière, ancien style hollandais, et rien ne semble changé. Dans la bibliothèque de la chambre de travail, je vois la *Vie des Césars*, le *Consulat et l'Empire* de Thiers, etc.; nombre d'objets curieux. Dans un cadre doré, voici une lettre signée « Bonaparte, 30 frimaire ».

Le maître de maison doit aimer les fleurs, son jardin le démontre, et tout particulièrement les hortensias. Le parc de « Groote Schuur », adossé aux flancs de la montagne de la Table, est habité par de nombreux spécimens de la faune sud-africaine.

Parmi les autres personnalités intéressantes que nous avons rencontrées, je mentionnerai un

Ecossais, le Dr Muir, surintendant général de l'éducation dans la Colonie du Cap; j'ai eu le privilège d'avoir un long entretien avec lui et j'en ai tiré la déduction que Cécil Rhodes va à Londres pour activer la continuation du chemin de fer dont le terminus se trouve aujourd'hui au delà de Boulouwayo. Ce chemin de fer traversera le Zambèze à une forte distance, à l'est des chutes Victoria[1], pour prendre la direction du district des lacs.

De Londres, Cecil Rhodes se rendra, paraît-il, à Khartoum, pour conférer avec le vainqueur des mahdistes, lord Kitchener, au sujet de l'établissement de la ligne ferrée qui, partant de Khartoum, doit rejoindre celle qui avance du sud au nord. Dans quelques années, un chemin de fer coupera l'Afrique dans toute sa longueur et mettra en communication directe les villes du Cap et du Caire; cette voie ferrée transfor-

[1] Il est probable qu'un embranchement rejoindra les célèbres chutes du Zambèze, appelées aussi chutes Victoria.

mera le continent africain. Quelle conception grandiose et quelle énergie il faudra déployer pour mener à bonne fin une telle entreprise!

Comme un éclaireur vigilant, la voie aérienne, soit le télégraphe, précède et prépare l'exécution du chemin de fer. Il est déjà possible, à l'heure qu'il est, de lancer du Cap un télégramme jusqu'à un poste avancé qui se trouve entre le lac Nyassa et le lac Tanganyika.

*
* *

Les environs du Cap, chacun le sait, sont ravissants; un jour, nos amis nous ont fait suivre la Victoria road, la «Corniche» du Cap, jusqu'à Hout Bay, pour revenir par le Lady Loch Pass au milieu de forêts de pins, de «silver trees» au feuillage argenté, et arriver dans ce pays d'abondance appelé Constantia. Ce pays est parsemé de belles fermes où poussent tous les produits des pays tempérés et une bonne partie de ceux des pays chauds; il est planté de vignobles prospères, et entrecoupé de superbes avenues de chênes et de conifères.

*
* *

Le 7 janvier, on est en plein été, je suis monté avec quelques personnes au sommet de la montagne de la Table. Conduits en voiture jusqu'à Victoria Neck, nous allons en deux heures, par un sentier facile qui serpente le long de la croupe de la montagne, jusqu'au premier plateau, où se trouvent des pépinières de l'Etat, ainsi qu'un réservoir qui alimente d'eau pure et fraîche la ville du Cap.

Après une heure passée au milieu des bruyères, de fleurs variées — les glaïeuls sont en floraison — nous arrivons à l'un des points les plus élevés de la montagne de la Table, bien nommée, car son sommet forme un grand plateau couvert de roches plates; ici et là, de la verdure. La vue est superbe: au sud, Cape-Point presque contigu au Cap de Bonne-Espérance, qui est masqué par un promontoire; la False Bay gracieusement découpée, puis l'océan sans limite. A l'est, dans le lointain, on distingue la chaîne des montagnes appelées Hottentot Holland Range. Si nous avançons dans la direction du nord jusqu'au bord de la crête, nous découvrons à nos pieds la ville du Cap, dont le sol aux tons fauves contraste d'une manière saisissante avec les flots azurés de Table Bay.

Nous descendons directement au Cap par la Platte Klip Gorge, qui, sans être difficile, me rappelle pourtant certains passages de nos montagnes suisses. Le seul danger inhérent à Table Mountain provient de la rapidité avec laquelle les nuages peuvent s'accumuler à son sommet. Ces nuages, amenés en général par le vent du sud-est, produisent le phénomène appelé le Tapis de la Table; il est alors facile de s'égarer et d'être précipité au bas des parois de rochers.

Au Cap, comme en Europe, j'ai pu constater combien la personne de M. Coillard est vénérée et combien l'œuvre de civilisation chrétienne qu'il poursuit en Afrique est appréciée; quel travail il a accompli pendant ce séjour au Cap, en vue de sa future expédition et de la colonne missionnaire qui doit arriver d'Europe dans quelques semaines.

Après deux séances publiques, nous avons vu avec plaisir une « Zambézia » se fonder au Cap; notre hôte, M. J.-D. Cartwright, en a pris la présidence.

DANS L'ÉTAT LIBRE D'ORANGE

CHAPITRE III

Blœmfontein, capitale de l'Etat Libre d'Orange. — Une audience du Président de la République. — Quelques données sur l'Etat Libre d'Orange.

Nous sommes arrivés hier ici, le 16 janvier, M. Coillard et moi, par le chemin de fer, après avoir franchi en 36 heures les 1190 kilomètres qui nous séparent du Cap. Nous avons passé à toute vapeur à travers un pays fertile où l'agriculture et la viticulture se sont beaucoup développées. Mentionnons les villes plus ou moins importantes de Stellenbosch, le plus ancien «établissement» européen dans l'Afrique du Sud, fondé en 1681; de The Paarl; de Wellington. Après Worcester, la ligne ferrée atteint une chaîne de montagnes, les contreforts du Karroo ; ce grand plateau brûlé, desséché, baigné par une atmosphère très pure, et, où il pleut rarement ; à Colesberg on compte annuellement une moyenne de 20 jours de pluie.

BLŒMFONTEIN
La capitale de l'Etat libre d'Orange.

En traversant la rivière d'Orange, nous pénétrons dans l'Etat libre du même nom. Sa capitale, Blœmfontein, est un centre rural ; ses larges rues non pavées se coupent à angle droit, les maisons n'ont en général qu'un étage et les bâtiments publics sont construits avec des briques rouges et des pierres blanches. Voici sur la vaste place du marché les chariots attelés d'interminables files de bœufs... une vision de la vraie vie africaine. D'après le recensement de 1890, Blœmfontein comptait 5817 habitants, parmi lesquels 3115 blancs ; l'élément anglo-saxon y forme la majorité.

Le lendemain de notre arrivée, nous avons eu une audience du président de l'Etat libre, M. Steyn, homme de haute stature à longue barbe blonde et grisonnante. Il nous reçoit d'une manière toute républicaine dans sa chambre de travail très simple, dont le principal ornement consiste en plusieurs belles cartes de l'Afrique ; après les civilités d'usage, le président nous pose des questions sur le pays des ba-Rotsi, qui semble l'intéresser.

En sortant de l'édifice où sont les bureaux du gouvernement, nous voyons la statue de feu le populaire président Brandt, qui de 1864 à 1888, a exercé la plus haute magistrature du pays ; sa sentence favorite « All zal recht kom »

« Tout ira bien », est inscrite sur le socle de granit.

Le président est élu directement par le suffrage universel ainsi que la Chambre « Volksraad » ; les électeurs doivent avoir l'âge requis, être nés dans l'Etat libre et posséder un capital ou un revenu dont les chiffres sont fixés par la loi. Le président est le chef responsable du pouvoir exécutif ; il est assisté par un conseil.

En temps de guerre, chaque citoyen âgé de 16 à 60 ans peut être appelé sous les armes. L'armée compte 17,381 hommes. En temps de paix, sauf pour les inspections, les citoyens ne sont astreints à aucun service militaire.

Suivant le recensement de 1890, qui n'est qu'approximatif, la population totale du pays comprend 207,503 habitants, soit 77,716 blancs et 129,782 noirs (ba-Souto et ba-Rolong). [1]

Le revenu annuel de l'Etat s'élève à environ 7,750,000 francs, et ses dépenses atteignent à

[1] D'après « l'Official Handbook », auquel je me référerai à l'occasion.

peu près le même chiffre; fait à noter, peu fréquent de nos jours, ce pays n'a pas de dette publique, ou du moins il n'a qu'une dette d'un million, dont le gouvernement voudrait bien se libérer si ses créanciers y consentaient.

L'Etat libre d'Orange est formé par un grand plateau qui s'étend du nord au sud sur une longueur de 640 kilomètres et de l'est à l'ouest sur une largeur de 320 kilomètres; sa superficie est de 92,000 kilomètres carrés. Ce plateau descend graduellement des montagnes du Drakensberg à l'est entre la rivière Vaal au nord et à l'ouest et l'Orange au sud; c'est seulement dans l'est du pays que l'on trouve des chaînes de montagnes, tandis qu'au sud, à l'ouest et au nord-ouest, s'étendent de grandes plaines accidentées, d'où, ici et là, se détachent une colline ou un pic isolé.

Les ressources naturelles de l'Etat libre d'Orange découlent de l'agriculture et aussi des mines de diamants, dont la principale est celle de Jagersfontein.

L'Etat libre possédait, en 1890, 248,378 chevaux, 19,782 mules ou ânes, 276,073 bœufs de transport, 619,026 têtes de gros bétail, 703,331 moutons du Cap, 5,916,611 moutons mérinos, 627,717 chèvres angora, 230,538 chèvres indigènes, 34,787 porcs, 1461 autruches. La production de la laine s'élevait à 59,555 balles et celle du grain, y compris le blé et le maïs, atteignait le chiffre de 47,095,452 litres.

L'AGRICULTURE A LEUWRIVER

CHAPITRE IV

Le domaine de Leuw River dans le « Conquered Territory ».

Un propriétaire, M. J. Newberry, un anglais, dont le domaine de Leuw River se trouve dans la direction que nous devons suivre pour atteindre le pays des ba-Souto, nous a engagés à passer quelques jours chez lui. Cette invitation facilite beaucoup notre voyage, car, à Blœmfontein, nous avons dû quitter le chemin de fer, qui poursuit sa route vers le nord, et M. Newberry a mis à notre disposition son «cart» soit une voiture à deux roues très élevées ; elle est attelée de quatre bons chevaux. Nous nous sommes dirigés vers l'est, à travers les vastes plaines accidentées de l'Etat libre d'Orange, qui sont parsemées ici et là de grandes fermes près desquelles se trouvent presque toujours des saules pleureurs; les plaines, jadis la patrie des gnous et des zèbres, sont aujourd'hui plus ou moins animées par des troupeaux de chevaux et de bêtes à cornes.

Le "cart."

La piste que nous suivons est coupée par des ravins qui font tressauter notre véhicule, enlevé à une grande allure. En une journée et quelques heures, nous avons franchi les cent quatre kilomètres qui nous séparent de la demeure de notre hôte. Nous longeons une allée d'eucalyptus encadrée de fleurs et bientôt nous entrons dans une confortable maison de campagne anglaise où nous recevons un chaud accueil.

Près de la maison, éclairée, ainsi que les dépendances, à l'électricité, nous voyons un jardin où croissent tous les légumes et tous les fruits européens ; à l'heure qu'il est, les poires, les pêches, les pommes commencent à mûrir. Le domaine de Leuw River est situé dans la partie de l'Etat libre d'Orange appelée « Conquered Territory » (Territoire conquis) l'une des meilleures régions au point de vue de l'agriculture, surtout là où le sol est bien irrigué. Le propriétaire, grâce aux capitaux dont il dispose, ne néglige aucune amélioration, et il est bien secondé par un intendant capable et dévoué. Ce domaine, qui s'étend sur une longueur de six à huit kilomètres couvre, à travers monts

A « Leuw River »

Le domaine de M. J. Newberry.

et vallons, une superficie d'environ huit mille acres. J'ai galopé sur un champ de blé, coupé il y a quelques semaines, long de près de trois kilomètres sur un et demi de largeur.

Outre l'intendant déjà nommé, l'état-major blanc se compose de : un chef de culture et deux aides, un ingénieur de traction, un meunier-chef et deux aides, un directeur des magasins et deux aides, un surveillant-forestier, deux employés de bureau, un conducteur de transport et deux aides, un peintre, un charpentier, un forgeron, un boucher et un aide. En temps ordinaire, cent à cent vingt noirs trouvent du travail sur la propriété ; les gros travaux se font avec les machines les plus perfectionnées ; plusieurs d'entre elles sont actionnées par des locomobiles.

La culture du blé constitue le principal produit du domaine, et si les champs sont irrigués et fumés, elle donne une moyenne de cent vingt-cinq sacs pour un de semence. Sans engrais ni irrigation, le blé rend une moyenne de vingt sacs pour un de semence et, dans les bonnes années, de quarante à cinquante sacs; le maïs donne un rendement moyen de quatre-vingt-dix à cent sacs pour un de semence. La culture de l'avoine est aussi très productive.

Nous visitons le moulin modèle attenant au domaine; il s'y moud annuellement environ cinquante mille sacs de grain récolté sur le domaine ou provenant d'autres propriétés. Un grand réservoir fournit au moulin une force hydraulique de 75 chevaux qui, en cas de nécessité et grâce à une machine à vapeur, peut être augmentée de 100 chevaux.

L'outillage de ce moulin comprend les derniers perfectionnements : la balance automatique qui pèse et enregistre simultanément le poids de chaque sac, puis les ingénieuses «cleaning machines» (machines à nettoyer), qui débarrassent graduellement le grain de toutes ses impuretés, et jusqu'aux machines qui séparent les différentes espèces de farine. Cette farine doit faire prime sur le marché, mais il faut la transporter à Blœmfontein et, dans ce but, on emploie à Leuw River vingt chariots de transport, dont chacun est attelé de quatorze mules. En outre, malgré le mauvais état de la piste, une puissante locomotive routière arrive à voiturer trois ou quatre lourds chariots.

Quant à l'élevage, une centaine de poulinières paissent dans de gras pâturages ; en ce qui concerne le gros bétail, M. Newberry a importé d'Ecosse la race «Polled Angus d'Aberdeen», qui, croisée avec celle du pays, donne paraît-il, de bons résultats en «viande».

Dans cette contrée, comme ailleurs, l'agriculture ne peut pas être considérée comme une médaille sans revers ; suivant les années, il faut compter avec les gelées, la grêle, la sécheresse et les terribles maladies du bétail, la peste bovine en particulier a récemment fait de nombreuses victimes.

Cinq «native locations», soit cinq hameaux de noirs, sont établis sur le domaine de Leuw River ; la loi ne permet pas l'établissement de plus de dix familles dans un même hameau. Suivant une autre loi, le noir, sauf de rares exceptions, ne peut ni posséder le sol, ni devenir citoyen de l'Etat libre d'Orange. Enfin la loi interdit toute vente d'alcool aux indigènes[1], et, d'après cette loi, les Européens ne peuvent acheter des spiritueux que dans l'enceinte des villes et villages blancs.

M. Newberry fait aussi une œuvre missionnaire parmi les noirs qui habitent son vaste domaine ; deux évangélistes indigènes et un maître d'école y sont employés ; le dimanche venu, M. Coillard leur a adressé la parole, ainsi qu'à d'autres noirs venus pour la circonstance des propriétés avoisinantes ; ce pittoresque auditoire était groupé sous les arceaux de verdure formés par des pêchers en plein vent.

Nous partons demain pour le pays des ba-Souto.

[1] Au Transvaal, cette loi est tombée en désuétude; je ne sais pas si elle est respectée dans l'État libre d'Orange.

AU PAYS DES BA-SOUTO

CHAPITRE V

Visite de M. Coillard après quinze années d'absence. — L'Œuvre de civilisation chrétienne accomplie par la Société des missions évangéliques de Paris. — Morija. — Le grand chef Lérotholi.

On sait que c'est du pays des ba-Souto [1] où il comptait déjà plus de vingt années de travail, que M. Coillard essaima en 1884 dans la région du Zambèze, où il vient de retourner, en emmenant d'Europe un précieux renfort

[1] Comme pour ce qui regarde mon ouvrage « Au Pays des ba-Rotsi » Haut-Zambèze (Hachette 1898), au sujet duquel j'en avais conféré avec M. Coillard, autorité incontestée en cette matière, puisqu'il a vécu près de quarante années en Afrique, j'ai aussi observé dans cet ouvrage les règles qu'il a proposées concernant l'orthographe française des noms des

d'auxiliaires. Se trouvant, en janvier de la présente année (1899) dans la colonie du Cap, à destination de son nouveau champ d'activité, M. Coillard profita de la circonstance pour aller revoir son ancienne mission du Lessouto ou Basoutoland, car l'un et l'autre se dit. Les

Nous passons en bac le Calédon.

différentes tribus ou peuplades qui se trouvent dans le Pays des ba-Souto, le Pays des ma-Tébélé, le Pays des ma-Shona, etc.

Les préfixes « ba » ou « ma » indiquent le pluriel. Ces préfixes représentent en quelque sorte l'article et prennent une minuscule tandis que le nom propre lui-même est écrit avec une majuscule.

Le préfixe « mo » s'emploie au singulier pour indiquer un individu. Exemple : Un mo-Souto. Si l'on veut désigner la langue du pays, on emploie le préfixe « sé ». Exemple : le sé-Souto. Quant aux noms de pays, plusieurs sont déjà anglicisés ou francisés. Exemple : le Matébéléland, le Mashoualand, etc. Pour désigner le Pays des ba-Souto, j'emploie indifféremment les noms de Basoutoland ou Lessouto.

Eglises, dont il fut l'un des fondateurs et où il a laissé un souvenir vivant, se faisaient une fête de sa visite. M. J. Newberry nous avait obligeamment engagés, M. Coillard et l'auteur de ce récit, à poursuivre notre voyage jusqu'à Morija dans son « cart » attelé de quatre vigoureux chevaux, ce que nous mîmes à exécution. Et c'est ainsi qu'après nos deux concitoyens de Genève, MM. Edmond Gautier et Théodore Vernet, nous avons eu nous-même le privilège de voir de près ce pays si particulièrement intéressant.

Mais peut-être ferons-nous bien, avant de mettre le pied dans le pays des ba-Souto, de rappeler brièvement la grande œuvre de civilisation chrétienne qui s'y est accomplie depuis un peu plus de soixante années sous les auspices de la Société des missions évangéliques de Paris.

C'est en 1883 que MM. Arbousset, Casalis et Gosselin fondèrent la station de Morija, le premier des postes missionnaires de la région.

Sous l'énergique impulsion de M. Adolphe Mabille, notre compatriote du canton de Vaud, qui y travailla depuis 1859 jusqu'en 1894, époque de sa mort, Morija devint la station centrale et, pendant cette période, le pays des ba-Souto se couvrit d'annexes et d'écoles.

Outre les branches ordinaires, église, école, etc., que présente toute station missionnaire, Morija possède une école normale, fondée en 1868, et dont on se représentera aisément l'importance si nous disons qu'elle a fourni déjà six cents élèves aujourd'hui dispersés dans tout le sud de l'Afrique, et dont 54 % ont servi ou servent dans l'œuvre d'évangélisation. Les élèves qui ont suivi en entier le cycle des études, soit cinq ou six années, obtiennent le brevet

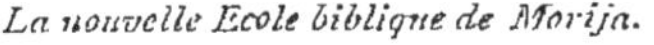

La nouvelle École biblique de Morija.

d'instituteur, l'équivalent, à ce qu'il paraît, de celui d'Europe. En 1896, l'école normale de Morija a obtenu le premier rang parmi les institutions indigènes du sud de l'Afrique.

L'école biblique de Morija, datant de 1882 et dirigée aujourd'hui par M. Alfred Casalis, est destinée à former des évangélistes. Depuis sa fondation, elle en a fourni 347, desquels 209 travaillent à cette heure à l'œuvre d'évangélisation au Lessouto, au Transvaal, dans l'Etat libre d'Orange, dans le Béchuanaland et même jusqu'au Zambèze.

La classe supérieure de cette école comptait lors de notre visite 54 élèves, qui se décomposaient comme suit : neuf appartenaient à la tribu des ba-Kahalta, un à la tribu des ba-Tuana du lac de Ngami ; deux venaient de chez Khama, le roi des ba-Mangwato, trois de l'Etat libre d'Orange, un de la colonie du Cap et quatre du Zambèze : les autres étaient des ba-Souto.

Depuis longtemps quelques personnes de

Genève s'intéressent à l'école biblique de Morija. Cet intérêt ne doit pas fléchir, car cette école a un rôle de première importance à remplir. J'ai visité avec M. A. Casalis le nouveau bâtiment construit en briques rouges, qui, pour répondre à des besoins urgents, sera prochainement affecté à cette institution.

M. A. Casalis est aussi le directeur de l'imprimerie, qui occupe seize ouvriers indigènes. Bien que cette imprimerie ne possède qu'une machine rotative et une autre à pédale, elle a déjà servi à publier dans la langue du pays un certain nombre d'ouvrages importants. Il serait trop long de les énumérer tous : je dirai seulement qu'à Morija chaque livre de la Bible a été imprimé à part. Laissant de côté les recueils de cantiques et autres ouvrages de piété, nous mentionnerons encore le dictionnaire sé-Souto, composé par M. Mabille, ouvrage de 476 pages, non compris une grammaire sé-Souto le précédant et qui a pour auteur M. Ed. Jaccottet; une autre grammaire de M. Krüger, un manuel de conversation et quatorze petits volumes de manuels de lecture, d'arithmétique, de géographie et de grammaire. En 1893 seulement, il a été écoulé 15,000 exemplaires d'un petit abécédaire. Au risque d'allonger cette énumération, nous signalerons encore un recueil de « coutumes et proverbes des ba-Souto » entièrement écrit par un maître d'école indigène nommé Azariel Sékésé. Enfin, on imprime à Morija un journal bi-mensuel, religieux, politique et littéraire appelé le *Léselinyana*, soit « la Petite Lumière du Lessouto »; ce journal compte trente-deux années d'existence, et il est rédigé par M. Dieterlen, de Léribé. Il convient de rappeler que les missionnaires de la Société des missions évangéliques de Paris ont posé les règles de la syntaxe et de la grammaire sé-Souto, et ce qui n'avait été jusque là qu'une langue parlée est devenu ainsi une langue écrite. Revenons maintenant à notre voyage.

Grâce au « cart » tiré par quatre bons chevaux, dû à l'obligeance de l'un de nos amis, nous arrivons, au travers d'une contrée devenue montueuse, à la rivière le Calédon; cette rivière sépare l'Etat libre d'Orange, que nous quittons en ce moment, du Lessouto ou Basoutoland. Masérou, le siège du gouvernement, est la clef de ce point stratégique. Avant d'atteindre le village de Masiokaneng, dont nous voyons les huttes se profiler sur la colline, nous sommes abordés par trois cavaliers au galop, qui viennent à notre rencontre et parmi lesquels se trouve Joas Akim, un indigène très attaché à M. Coillard. Massés sur la pelouse, les fidèles et les enfants de l'école chantent à gorge déployée pour fêter notre approche; quelques-uns des missionnaires du Lessouto se sont rendus jusqu'ici, dans leur impatience de retrouver leur vétéran.

Une chaleureuse réception.

Cependant, pour atteindre notre destination, il nous reste vingt-cinq kilomètres à franchir le long d'une piste plus ou moins accidentée, qui se déroule le long de plateaux bordés de collines. Bientôt une escorte de vingt cavaliers, des jeunes gens de Morija, prend la tête du cortège. Mais nous devons encore nous arrêter, car le chef indigène Matété-Sétha, accompagné de ses hommes, vient au-devant de M. Coillard; ici encore des fidèles se sont groupés et chantent en nous voyant venir.

Nous reprenons notre route. Dirigée et escortée par de nombreux cavaliers, la colonne se remet en marche jusqu'au moment où elle vient se heurter pour ainsi dire à un nouveau groupement d'indigènes, hommes, femmes et enfants, drapeaux déployés. L'évangéliste mo-Souto, Ascer, celui qui accompagna M. Coillard lors de sa première expédition au Zambèze, nous lit une touchante allocution de bienvenue. Chacun entoure M. Coillard et veut lui serrer la main. Un soleil radieux éclaire cette scène et fait ressortir les étoffes aux couleurs vives, rouges, bleues, jaunes, vertes, dont les femmes noires aiment à se revêtir. Devant nous, la vaste station missionnaire de Morija s'étage sur le flanc d'une colline au milieu de la verdure; nous apercevons aussi l'église construite en briques rouges, un peu masquée par les arbres. Enfin nous arrivons devant la maison de la vénérable Mme Ad. Mabille, qui nous offre l'hospitalité; sur la terrasse sont disposées des guirlandes de feuillage et de drapeaux, et, parmi ces derniers, je ne mets pas longtemps à distinguer le drapeau suisse. Un service religieux célébré dans le temple de Morija, cet édifice qui avait tout à l'heure frappé nos regards et dans lequel se presse un sympathique auditoire, clôt dignement la partie officielle de cette émouvante journée.

Peu après notre arrivée à Morija nous sommes allés faire visite, dans son village de Makening, à Lérotholi, le grand chef des ba-Souto, petit-fils en ligne directe du célèbre Moshesh. Nous le trouvons patriarcalement installé sur la place publique, entouré de ses gens; il nous conduit dans une maison à un étage, construite à l'européenne et formée de trois pièces. Il s'en sert en cas de réception, car il n'y habite pas, préférant sa hutte. Lérotholi est vêtu d'un pantalon en coutil et revêtu d'un grand manteau rouge. Ses cheveux crépus grisonnent et ses traits ont quelque chose de dur. Plusieurs de ses conseillers l'entourent. M. Coillard s'entretient longuement avec lui, et Lérotholi lui répond : « Je te remercie de ce que tu me dis de Léwanika, le roi des ba-Rotsi, car quand tu es parti nous étions inquiets de savoir que tu allais au milieu d'un peuple que l'on

Lérotholi, le grand chef des ba-Souto et M. Louis Mabille.

disait très sanguinaire, et nous craignions pour ta vie. »

Bien que subissant dans une certaine mesure l'influence du christianisme, Lérotholi est encore païen. Nous sommes présentés à la première de ses femmes, nommée ma-Letsabisa, aux traits réguliers, aux yeux expressifs. Elle est coiffée d'un turban foncé, et sur sa robe elle drape une couverture aux larges dessins noirs et bleus.

Le village de Makening se compose d'un grand nombre de huttes pittoresquement groupées. Voici, sur la pelouse, des chevaux qui broutent et au « lékhotla » sorte de forum où se rend la justice et où se tiennent les hommes, deux petits chefs viennent avec quelques-uns de leurs sujets consulter Lérotholi au sujet d'un héritage.

Les huttes, construites en roseaux et recouvertes de chaume, sont rondes ; chacune d'elles est précédée d'un petit portique dont les parois sont enduites d'un pisé brun clair. L'intérieur de la hutte que nous visitons ne forme qu'une seule pièce ; elle a trois mètres et demi de diamètre et autant de hauteur. Des triangles bleus et jaunes, qui alternent, recouvrent le pisé des parois. Aucun meuble, et les couvertures qui forment la couche sont pliées pendant le jour et suspendues sur des perches transversales assez élevées. Une hutte adjacente et de moindre dimension sert de cuisine, cuisine bien primitive, car la fumée s'en échappe par les interstices du chaume, et il faut s'accroupir pour ne pas être asphyxié.

Une grande enceinte circulaire de roseaux entoure chaque demeure : j'y remarque les pierres employées à broyer le grain et creusées par l'usage. Je suis frappé de la propreté, malgré les enfants, les chiens, les poules et les canards partout répandus.

Après avoir pris congé de Lérotholi, nous remontons à cheval et rentrons à Morija par une pluie battante.

Le 28 janvier, à l'issue d'un service fait par M. Coillard devant une nombreuse assemblée dans le temple de Morija, Stephen Semondji, le jeune Zambézien bien connu à Genève, où il accompagna M. Coillard, prononça quelques paroles. Quant il eut terminé, une femme mo-Souto, déjà âgée, se leva spontanément et lui dit : « Quoique jeune, tu as bien parlé ; nous sommes heureux d'apprendre comment tu as soigné M. Coillard ; va et continue à prendre soin de lui jusqu'au moment où il sera enlevé de tes mains. »

Le Temple de Morija.

Il est vraiment touchant de constater de quelle sympathie M. Coillard est entouré : partout on veut le voir, lui parler. Que de poignées de main distribuées !

Mais voici le matin d'un beau dimanche. Les fidèles accourent en foule des environs, qui à pied, qui à cheval, et ce dernier mode de locomotion l'emporte de beaucoup. Bientôt deux mille personnes au moins sont accroupies sur l'herbe, auprès du sanctuaire, qui n'aurait pu tenir toute cette foule. Des eucaplyptus, des pins, des acacias interceptent tant bien que mal les rayons d'un chaud soleil d'été. Lérotholi lui-même vient s'asseoir à côté de nous, et pendant les deux heures et demie qu'a duré le service, y compris différentes allocutions et plusieurs chants, l'attention n'a pas faibli un instant. En tout cas les ba-Souto savent écouter.

Adossée à la montagne de Makhoarani, dont les rochers en gradins revêtent des teintes violacées, la station de Morija présente comme plusieurs étages : au bas le presbytère, habité par la famille Mabille. Non loin de là, nous voyons l'église, l'école primaire, l'imprimerie, puis les nombreuses maisons et huttes des indigènes. D'immenses aloès, aux branches en forme de candélabres, et aux fleurs jaunes, donnent un aspect particulier au paysage. Un peu au-dessus, nous distinguons l'habitation de

M. et Mme A. Casalis, ainsi que l'école biblique, d'où l'on jouit d'une vue large et variée sur la contrée environnante. Plus haut encore et à une certaine distance, après avoir passé au milieu d'arbres d'une belle venue, eucalyptus, chênes, plantés jadis par les premiers missionnaires, nous arrivons à la partie la plus élevée de la station, occupée par M. et Mme Dyke, M. et Mme Garing, et où se trouvent les spacieux bâtiments de l'école normale.

TOURNÉE CHEZ LES BA-SOUTO

CHAPITRE VI

Les environs de Morija. — A cheval ! — Thaba-Bossiou « La montagne de la nuit ». — A la grotte de Haba-Roana.

Si nos lecteurs le veulent bien, nous allons maintenant rayonner dans la région dont Morija est la capitale spirituelle. M. Louis Mabille devait visiter l'une de ses vingt-cinq lointaines annexes, j'eus l'avantage de pouvoir me joindre à lui dans une de ses courses.

A sept sept heures du matin, nous mettons le pied à l'étrier et nous voici grimpant les flancs de la montagne de Makhoarani sur nos ardents poneys ba-souto qui, quoique trapus, sont aussi agiles que des chèvres. Une fois arrivés sur le large plateau qui forme le sommet de la montagne et que recouvrent de vastes pâturages où paissent des troupeaux de gros bétail, des chevaux et des moutons, nous laissons galoper nos montures. Nous descendons ensuite dans des vallons pour remonter des pentes escarpées; après quoi, nous longeons des champs de maïs et de sorgho, et voyons des femmes, en des poses pittoresques, défaire de petites meules de blé pour en trier le grain et en brûler la balle. Quelques villages indigènes aux huttes brunes, semés sur le vert des prairies, mêlent une note gaie au paysage.

Beaucoup de pâturages sont déserts; la « rinderpest », cette terrible maladie du bétail bovin et qui sévit en 1897-1898, a décimé les troupeaux, dont les neuf dixièmes auraient ainsi péri. Perte énorme, car un troupeau est ici comme une caisse d'épargne et l'agriculture met toutes ses économies en gros bétail. Chose curieuse, les ba-Souto ne font ni beurre ni fromage; ils utilisent bien le lait caillé ou « mafi » pour leur alimentation, mais à part cela, toute la traite ou à peu près est consommée par les veaux. Ils disséminent d'ordinaire leurs troupeaux dans diverses prairies, afin de partager les risques en cas de razzias. Ces razzias étaient fréquentes avant l'arrivée des missionnaires, et les pâtres habituaient alors leurs troupeaux à un cri d'alarme spécial afin de pouvoir, devant un danger, s'éclipser rapidement. Les missionnaires ont, paraît-il, beaucoup de peine à faire disparaître le « mariage en bétail », encore en pleine vigueur chez les païens ba-souto et dans lequel une jeune fille vaut en général vingt têtes de gros bétail, dix chèvres ou moutons et un cheval.

Cependant, notre séjour à Morija touche à sa fin ; pendant ces quelques journées, grâce à l'amabilité de nos hôtes, de Mme Ad. Mabille, ainsi que de ses enfants ; de M. et de Mme A. Casalis, directeur de l'école biblique ; de M. et de Mme Dyke, directeur de l'école normale ; de M. et Mme Goring, nous avons pu étudier de près les différents rouages de l'œuvre si importante qui s'y poursuit. La veille de notre départ de Morija, soit le 2 février, plusieurs des missionnaires du ba-Souto sont venus saluer M. Coillard, et nous allons très prochainement passer quelques jours chez l'un d'eux, un compatriote, M. Edouard Jacottet, de Neuchâtel, titulaire de la station de Thaba-Bossiou, dont nous séparent une quarantaine de kilomètres bientôt franchis au galop de nos bons chevaux, en compagnie de M. Jacottet lui-même.

Cette station de Thaba-Bossiou, assise sur une petite colline, tire son nom de la montagne qui l'avoisine et au sommet de laquelle feu Moshesh, le grand chef des ba-Souto, avait établi sa résidence. Nous ne tardons pas à distinguer son église construite en pierre, à laquelle manque le clocher, puis à gauche, dans la verdure, les différentes maisons en très bon état qui constituent l'ensemble de ce nouveau centre évangélique.

M. Coillard, que M. Casalis a tenu à conduire

lui-même dans sa voiture, les pistes laissant beaucoup à désirer, arrive dans le courant de l'après-midi. Il est reçu par les anciens et les membres de l'Eglise, les élèves de l'école ou plutôt des écoles, car Thaba-Bossiou possède aussi une école supérieure de jeunes filles qui, groupés au bas de la colline, accueillent M. Coillard par de beaux chants.

THABA-BOSSIOU
La station missionnaire de M. Edouard Jacottet.

On comprendra quel est le travail des missionnaires avec les ba-Souto par cet exemple : le district placé sous la direction de M. Jacottet couvre une superficie à peu près égale aux trois quarts de celles du canton de Neuchâtel; et renferme de 25,000 à 30,000 âmes de population. Treize annexes sont réparties dans ledit district, et M. Jacottet a sous sa surveillance 19 évangélistes ou maîtres d'école indigènes, qui enseignent 785 catéchumènes et 764 élèves des écoles.

L'école supérieure de jeunes filles de Thaba-Bossiou, excellemment dirigée par Mlle M. Cochet, comptait 33 élèves ba-souto. Outre leur instruction religieuse, l'arithmétique, la géographie, l'histoire, le chant, le dessin, ces jeunes filles apprennent la cuisine, la couture et tous les détails de la tenue d'une maison, de manière à être capables, dans la suite, de devenir des mères de famille dignes de ce nom. Il est triste de penser que, faute de place et de ressources, on doive s'en tenir à ce chiffre limité d'élèves.

Dimanche !

Par un bel après-midi, je suis monté avec M. Jacottet à la montagne de Thaba-Bossiou, soit « Montagne de la Nuit », où, en 1865, le grand chef des ba-Souto, Moshesh, tint tête aux Boers, qui perdirent là leur chef Wepnar. Nous découvrons encore, dans les gorges escarpées, les murs qui servaient de rempart aux ba-Souto. Arrivés au faîte, nous débouchons sur un plateau où se trouve le cimetière de la famille royale. Chaque tombeau se compose d'un amoncellement assez régulier de grosses pierres placées simplement les unes sur les autres. Ces tombeaux varient comme dimensions ; celui de Moshesh a trois mètres de longueur sur deux de largeur et 75 centimètres de hauteur ; son nom est inscrit sur une modeste pierre de chevet. M. Jacottet m'apprend que, selon toute probabilité, le corps n'est pas dans le tombeau ; il a dû être inhumé en secret à côté ou plus loin, car, étant données les superstitions des ba-Souto, il convenait de laisser ignorer où se trouvait le corps, de peur que l'on s'en servit comme d'un « maléfice contre la nation ». Du reste, ces tombeaux sont plus ou moins livrés à l'abandon et l'on n'y voit que des chevaux broutant l'herbe qui les entoure.

Près de là, nous observons aussi de hautes dunes de sable. Comme nous sommes à une altitude de 5000 ou 6000 pieds au-dessus du niveau de la mer, on est fondé à supposer que ces dunes sont formées par l'effritement de la montagne elle-même, sous l'action des vents violents qui règnent souvent dans ces parages.

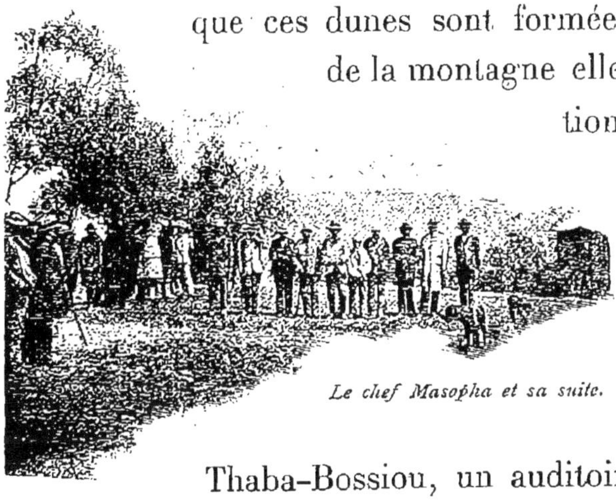

Le chef Masopha et sa suite.

Un service en plein air a réuni le dimanche, à Thaba-Bossiou, un auditoire comme toujours fort attentif, de 1000 à 1200 personnes. Masopha[1], l'un des trois grands chefs ba-Souto, est venu, quoique encore païen, passer la journée

[1] Masopha est mort dans le courant de l'année 1899.

à la station missionnaire, et comme il a pris son repas à la table hospitalière de M. et Mme Ed. Jacottet, j'ai pu le voir de près. Masopha est un vieillard ridé, décharné, au regard impératif. Il est vêtu à l'européenne, et son large chapeau de paille est orné de plumes blanches, de plumes de paon et de pintade.

*
* *

Le 7 février, je partis pour une course au Machaché, aimablement arrangée en mon honneur par M. Jacottet. Avec ses 3000 mètres, le Machaché est l'une des plus hautes sommités de cette partie de la chaîne des Malouti, et un superbe observatoire pour étudier la configuration du pays des ba-Souto. Mon aimable cicérone prend avec lui deux de ses hommes, ainsi qu'un cheval de bât chargé d'une petite tente et des provisions nécessaires. A 9 heures du matin nous nous mettons en selle et commençons à chevaucher à travers plateaux et ravines. Au milieu de la journée, nous faisons une halte à la grotte de Haba-Roana (chez les petits Bushmen). Nous voyons sur les parois des rochers plusieurs de ces peintures caractéristiques exécutées autrefois par les Bushmen. Il en est des rouges, des jaunes, des noires et des blanches. Ces dernières sont les plus nombreuses et ce sont celles qui résistent le mieux à l'action du temps : l'ocre, des substances végétales et aussi du sang étaient paraît-il, les ingrédients servant à la fabrication de cette couleur.

Ces peintures jetées au hasard sur le rocher accusent une absolue ignorance des proportions mais aussi un sens artistique indiscutable. Que de vie dans cet homme qui tire de l'arc ou dans cet autre qui court après une antilope! M. Jacottet me fait remarquer à juste titre que plusieurs de ces silhouettes d'hommes rappellent les dessins des vases étrusques.

Tout près de nous, de petits pâtres gardent des chèvres blanches; ils nous ramènent nos chevaux, qui, entravés, paissaient à quelque distance, et nous poursuivons notre marche en côtoyant des champs de maïs et de sorgho où règne une grande animation. Ces champs sont, en effet, l'objet d'une active surveillance, car il faut à tout prix les soustraire à la rapacité des oiseaux. Pour cela, des noirs, hommes, femmes et enfants, véritables statues aux poses gracieuses, ont été placés sur des tertres ou de légers échafaudages; ils éloignent la gent ailée en poussant des cris répétés et en maniant une longue baguette flexible au bout de laquelle ils mettent une boule d'argile, sorte de catapulte redoutable entre leurs mains.

Nous arrivons au pied du Machaché, dont la silhouette se dresse à notre gauche, avec ses pentes gazonnées s'arrêtant à de belles parois de rochers. Nous suivons une gorge où serpente un sentier encombré de pierres, au milieu desquelles nos poneys ba-souto se faufilent avec une adresse surprenante. Enfin nous atteignons un col. Puis, après avoir traversé encore quelques pâturages, nous dressons pour la nuit notre campement sur le bord d'un ruisseau aux eaux claires.

Le paysage qui nous entoure rappelle certaines parties des Alpes moyennes en Suisse. La flore est superbe et nous cueillons en particulier différentes espèces d'orchidées.

Les dernières teintes du soleil couchant s'évanouissent et la nuit arrive à pas rapides ; je puis encore distinguer à quelques centaines de mètres une antilope immobile sur un rocher. Les chevaux entravés paissent tranquillement, et notre repas terminé, nous ne tardons pas à aller chercher le repos dans notre tente longue de six pieds, large de quatre et haute de trois, ce qui nous permet juste de nous étendre.

VUE D'ENSEMBLE SUR

LE PAYS DES BA-SOUTO

CHAPITRE VII

Au sommet du Machaché 3,000 mètres. — La configuration du Basoutoland, appelé la Suisse de l'Afrique méridionale. — Cana. — Léribé. — L'organisation de la Mission. — Ses résultats. — Situation actuelle et notes générales sur le pays des ba-Souto.

Le lendemain, levés au petit jour, nous grimpons à cheval dans les pâturages jusqu'aux assises de la cime proprement dite. Ensuite nous laissons là nos poneys et prenant par une arête, nous escaladons quelques rochers, ce qui nous conduit sans grande peine au sommet du Machaché. L'atmosphère est parfaitement claire; aussi jouissons-nous d'une vue d'ensemble du pays des ba-Souto avec, d'un côté, la contrée que borde la rivière du Calédon et de l'autre, la région que commande le massif des Malouti et qui s'étend entre les rivières du Petit-Orange et du Grand-Orange.

Devant nous, du nord-est à l'ouest, se déroule le haut plateau, très cultivé et tacheté de nombreux villages indigènes; puis, au delà, nous plongeons dans la plaine du Lessouto, d'où émergent des montagnes tabulaires qui sont la continuation du haut plateau, et plus loin encore, nos yeux pénètrent jusqu'à l'Etat libre d'Orange, où nous distinguons très bien l'emplacement de la ville de Ladybrand. La chaîne la plus éloignée que nous apercevions du haut du Machaché s'étend sur la rive droite du fleuve Orange; le mont Hamilton, 3,500 mètres, s'y détache nettement, cette chaîne à peine dentelée, rappelle la ligne du Jura vue des Alpes.

Beaucoup plus découpées sont les montagnes que nous avons aux premiers plans. Il en est de même de celles que nous découvrons au sud et au sud-ouest, et que l'on désigne sous le nom de Thaba-Putsoa; nous en sommes séparés par la vallée où coule le Makhaleng (rivière des aloës); ces montagnes en lignes parallèles sont boursouflées, accidentées et coupées par des gorges profondes. Bref, du sud-ouest au nord-est, nous n'avons autour de nous qu'un océan de montagnes. Les pays des ba-Souto a été appelé la Suisse de l'Afrique du Sud, mais c'est une Suisse sans neiges éternelles ni glaciers.

Cette cime où nous sommes tire son nom d'un cannibale « Machaché », qui s'embusquait au pied de la montagne pour tuer les passants en vue de les manger. Le cannibalisme n'était pourtant pas de tradition dans cette contrée, il s'y est propagé à la suite des guerres et des famines, et, en 1830, il y florissait encore; il n'a disparu que sous l'influence des missionnaires et du grand chef Moshesh. M. Jacottet a eu comme membre de son Eglise une femme âgée qui, étant jeune, avait été prise par des cannibales. Ils l'avaient enfermée dans une caverne pour l'engraisser et lui avaient coupé une oreille pour la reconnaître, mais elle avait pu déjouer la vigilance de ses gardiens et s'enfuir.

* * *

Dans l'après-midi du 8 février, nous nous quittons, M. Jacottet et moi, au pied du Machaché, lui retournant à Thaba-Bossiou, moi allant rejoindre M. Coillard, à Cana. M. Jacottet a eu l'obligeance de me prêter un bon cheval ainsi qu'un de ses hommes comme guide. La nuit nous surprend au milieu des rochers et le guide a perdu le point d'orientation ; après avoir mis pied à terre, nous nous engageons dans une gorge que nos chevaux, malgré leur agilité, ont de

Une famille chez les ba-Souto.

la peine à gravir. Enfin, après avoir longtemps erré, nous sommes heureux d'apercevoir les lumières de l'hospitalière station missionnaire de Cana dont M. et Mme Kohler me font les honneurs de la manière la plus aimable.

Le lendemain, j'ai le temps de parcourir le joli jardin qui entoure la maison d'habitation et où croissent en abondance les fruits et les légumes européens.

La station missionnaire de Cana compte dix annexes, cinq cent trente-huit fidèles, huit écoles avec quatre cent quarante-cinq écoliers.

Près de Cana, l'on voit une caverne jadis habitée par les cannibales; on y a découvert beaucoup d'ossements et M. Kohler me donne la mâchoire d'un malheureux qui fut jadis dévoré dans cet antre. M. Kohler nous conduit lui-même, M. Coillard et moi, dans son « cart » jusqu'à Léribé, soit à une distance de 35 à 40 kilomètres.

A divers endroits, j'assiste encore à la chaude réception faite par les habitants à leur ancien missionnaire M. Coillard. C'est à Léribé même que ces manifestations se produisent naturellement avec le plus d'éclat, dans l'église édifiée par les soins de M. Coillard et abritée par les superbes eucalyptus dont il l'entoura. J'ai sous les yeux l'emplacement exact où le vaillant pionnier planta sa tente lorsque, en 1859, il arriva pour la première fois à Léribé. J'habite la maison qu'il y construisit dans la suite. Comme on le sait, M. Coillard a travaillé pendant plus de vingt années à Léribé, avant de se rendre de là au Zambèze.

La maison construite par M. Coillard à Léribé.

Comme à l'ordinaire, M. Coillard est assailli de visites. Jonathan, petit-fils de Moshesh et l'un des chefs les plus considérables du pays, lui dit entre autres paroles : « Si nous avons un peu d'intelligence, bien que nous n'en ayons pas beaucoup, c'est à toi que nous le devons. C'est toi qui m'a ouvert les yeux ; c'est toi et mon père Molapo qui avez fait de moi ce que je suis. » A son réveil, M. Coillard trouve déjà des visiteurs devant sa porte : de tout côté on vient pour le voir et lui parler. Un évangéliste indigène, Phélémoné, après une allocution dans le temple, lui a remis de la part de l'Eglise de Léribé une somme de 500 fr. pour la mission du Zambèze. Du reste, dans le courant d'une année, les chrétiens du ba-Souto, m'apprend M. Dieterlen, ont réuni plus de 4,000 fr. pour cet objet.

Quels sacrifices cette somme ne représente-t-elle pas et quel pouvoir que celui qui opère de telles transformations et qui peut faire d'un « sauvage » un homme et d'un « cannibale » un « chrétien ».

Le dernier dimanche passé à Léribé, près de

deux mille indigènes sont accourus des environs pour entendre encore une fois M. Coillard. Nombre d'entre eux ont fait dans ce but plusieurs journées de voyage, qui à pied, qui à cheval.

Quelles étaient pittoresques ces files d'hommes, de femmes drapées dans des étoffes aux couleurs voyantes, que l'on distinguait serpentant au loin dans la prairie et qui peu à peu se groupaient près de la station missionnaire ! Combien l'apôtre du Zambèze dut souffrir, lorsque, en 1884, il partit de Léribé, dont il était titulaire depuis 1857, pour fonder avec son admirable compagne la mission des ba-Rotsi, au nord du Zambèze ; mais quelle joie aussi pour lui que de constater les progrès accomplis par l'Evangile parmi les ba-Souto, dont

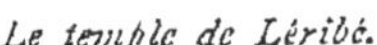

Le temple de Léribé.

quelques-uns, comme nous l'avons dit, étaient cannibales.

Le Lessouto est divisé au point de vue missionnaire en dix-sept districts, y compris les deux stations du Griqualand East. Chaque station missionnaire forme une unité dont dépendent un certain nombre d'annexes; chacune de ces annexes dirigée par un évangéliste indigène, forme un centre d'évangélisation et par conséquent un point de contact avec la nation.

Les évangélistes et les anciens d'église, tous des indigènes, font partie des conseils presbytéraux et des consistoires; chaque consistoire envoie ses délégués au synode qui se réunit tous les deux ans et qui est présidé par les missionnaires européens.

C'est ainsi que se fonde la future Eglise du pays des ba-Souto.

En l'année 1898, l'Eglise du pays des ba-Souto comptait 10,098 professants indigènes sortis du paganisme. Mais avec sa merveilleuse organisation, ses diverses écoles que nous eussions voulu décrire plus en détail, car à côté de l'Evangile, chacun le sait, l'instruction et l'éducation sont les meilleurs moyens à employer pour dissiper la superstition et pour moraliser ; il convient aussi de signaler une école industrielle formant les indigènes aux métiers de charpentiers, de charrons, menuisiers, tailleurs de pierre, etc.

Avec le dévouement de ses missionnaires à leur œuvre de civilisation chrétienne, cette Eglise forme au milieu d'une population totale de 260,000 indigènes, le ferment qui fait lever la pâte. Partout son action est sensible dans les mœurs, dans les idées, dans le développement matériel.

Nous pourrions encore ajouter que le commerce, quand il est honnêtement conduit, forme aussi un secours précieux. Il fait appel à l'effort du païen, il développe son individualité en multipliant ses besoins et, pour les satisfaire, le païen doit s'astreindre à un travail régulier ; or le travail régulier constitue, pour les noirs aussi, un moyen moralisateur de première importance. A ce titre, le christianisme et la civilisation européenne, si elle est honnête, loin de se contrecarrer, contribuent à réaliser un seul et même idéal. Quoique des temps nouveaux s'annoncent, il ne faut pas se dissimuler la grandeur des difficultés à surmonter car les vices développés par le paganisme ont jeté des racines profondes; les missionnaires ont beaucoup à lutter contre la polygamie, source d'immoralité, négation de la vie de famille, et qui au point de vue du pouvoir, engendre chez les chefs des luttes intestines sans cesse renouvelées entre les enfants des différentes femmes.

Nous laissons à ceux de nos lecteurs qui désireraient des détails plus circonstanciés sur l'œuvre magnifique, aux bienfaits de laquelle nous avons tenu à rendre le témoignage d'un témoin sincère, le soin de nous compléter eux-mêmes, à l'aide du *Journal des Missions évangéliques de Paris*[1].

[1] On s'abonne chez M. J. Schultz, 9, rue Lafitte, Paris.

Fait remarquable, le peuple des ba-Souto en reprenant conscience de lui-même, voulut à son tour conquérir ses frères d'Afrique à la vie supérieure que seul l'Evangile a pu rallumer dans les âmes. La mission du Haut-Zambèze chez les ba-Rotsi est en quelque sorte issue du peuple des ba-Souto. En 1875 déjà, ces anciens païens ont fait dans ce sens un effort considérable; ils ont réuni une somme de dix mille francs qui permit l'exécution d'un voyage missionnaire chez les ba-Nyaï. Ce voyage peut être considéré comme la première étape de la grande œuvre de civilisation chrétienne que depuis l'année 1884 et au milieu de difficultés et de souffrances inouïes, M. Coillard a entreprise au Pays des ba-Rotsi; œuvre dont j'ai pu constater les résultats acquis, lors d'un voyage d'exploration que j'ai fait en 1895 dans ces contrées.

Que les « Zambézias » ne se laissent pas décourager! qu'elles se pénètrent de force, de bonne volonté, et qu'elles soient décidées dans la mesure de leur pouvoir, à former un appui solide pour les vaillants pionniers du Haut-Zambèze; elles faciliteront ainsi la marche de cette jeune mission sur les traces de sa sœur aînée.

Répétons encore, ce dont chaque voyageur impartial peut témoigner, que toute œuvre de civilisation n'ayant pas les principes du christianisme à sa base, est une œuvre néfaste, greffant des vices raffinés sur la pourriture engendrée par le paganisme.

Cavaliers indigènes.

Le pays des ba-Souto ou le Lessouto est borné à l'ouest et au nord par l'Etat libre d'Orange, à l'est par le Natal et le Griqualand East, au sud par la colonie du Cap.

Sa superficie est estimée à 16,500 kilomètres

carrés et l'on peut calculer son altitude à environ 1,600-2,000 mètres au-dessus du niveau de la mer.

On peut sommairement diviser le pays des ba-Souto en deux régions distinctes :

a) Celle qui s'étend entre les contreforts des Malouti[1] et l'Etat libre d'Orange, contrée fertile qui produit en abondance le blé, le maïs, le sorgho, l'avoine, etc.; elle est aussi la plus habitée.

b) La région montagneuse proprement dite, formée par les différentes chaînes des Malouti qui sont séparées par des vallées où coulent le fleuve de l'Orange et ses affluents; cette région renferme de riches pâturages où paissent en été de nombreux troupeaux de chevaux, de gros bétail ainsi que des chèvres et des moutons.

D'une manière générale le pays des ba-Souto est presque entièrement dénué de bois et de forêts, mais l'eau y est abondante.

[1] Grès.

Aujourd'hui les ba-Souto attribuent à la collaboration de leur grand chef Moshesh, ainsi qu'à l'œuvre chrétienne et morale qu'a exercée parmi eux la mission française de la Société des Missions évangéliques de Paris, le fait qu'ils sont devenus un peuple.

Avant 1833 ce pays était continuellement ravagé par des guerres civiles et c'est pendant la période qui s'écoula entre les années 1833 et 1870, que le grand chef Moshesh a réuni entre elles les débris de différentes tribus, soit des ba-Kuéna, des ba-Tokeng, des ba-Süa, des ba-Hlakuana, des ma-Kloakhoa, des ba-Taung, des ba-Phuti, des ma-Kholokué, des ba-Rolong, des ba-Hlaping, des ba-Tlokoa,

Guerriers ba-Souto et M. Dieterlen

des ba-Péli, des ma-Hluibi, des ma-Péné, etc.

De l'agglomération de ces clans ou débris de clans est née la nation des ba-Souto. Au point de vue moral, il faut le répéter, le rôle de la mission dans cette œuvre a été considérable.

Les recensements de 1875 et de 1891 accusaient respectivement une population de 127,707 et de 218,324 indigènes; aujourd'hui le chiffre de 260,000 indigènes serait sûrement dépassé.

Primitivement des bergers, les ba-Souto ont franchi une étape supérieure et ils sont devenus des agriculteurs.

Le Lessouto est peut-être le pays africain qui par rapport à sa superficie, occupe le premier rang au point de vue de la culture de la terre; ce pays non seulement nourrit ses propres habitants, mais il exporte chaque année au Transvaal et dans l'Etat libre d'Orange de 150,000 à 200,000 sacs de céréales.

De nature, le mo-Souto est industrieux, sociable, bienveillant, très superstitieux, enclin à un matérialisme pratique et, menteur, comme tous les païens. Sous l'influence du christianisme il est capable de beaucoup se développer et son dévouement peut devenir complet.

En cas de guerre tout mo-Souto est soldat : excellent cavalier, mauvais tireur, bon marcheur, il peut être très sobre.

D'une manière générale le langage des ba-Souto est imagé. Ils se servent volontiers de comparaisons et ils parlent par sentences ; voici quelques-unes de ces sentences qui sont d'un usage courant et que M. Dieterlen a bien voulu me transmettre :

« La braise engendre la cendre. » = Un bon père peut avoir un mauvais fils.

« Pour abattre un éléphant il faut être d'accord. » = L'union fait la force.

« Un cheval tombe, bien qu'il ait quatre pattes. » = Même les sages peuvent se tromper.

« L'enfant du crabe marche de côté. » = Tel père, tel fils.

« La famine est blottie sous le panier à provisions, » etc.

Suivant le désir qu'avait exprimé l'intelligent chef Moshesh et après bien des péripéties, le gouvernement anglais a étendu son protectorat sur le pays des ba-Souto; il protège les ba-Souto contre leurs ennemis du dehors et aussi contre eux-mêmes, et les luttes intestines qui par la rivalité des chefs désolaient le pays ont beaucoup diminué.

Un village au Pays des ba-Souto.

Les autorités interdisent l'entrée de toute boisson alcoolique dans le territoire.

Toute hutte paie une taxe annuelle de 25 fr., taxe unique, et une fois les dépenses de l'administration réglées, le surplus est employé dans l'intérêt du pays. C'est ainsi que l'on se mettra bientôt à construire des ponts et depuis longtemps déjà de fortes subventions sont allouées en faveur de l'instruction et de l'éducation des indigènes. Les ba-Souto vivent aujourd'hui, à la faveur de ce protectorat très large, sous une sorte de régime de home rule, et bien que soumis au contrôle des autorités anglaises, les chefs indigènes continuent à avoir un grand pouvoir sur leurs sujets.

Selon les anciens usages de cette contrée le mode de propriété immobilière est encore tribal, et lorsqu'un habitant émigre avec sa famille d'un district dans un autre, il perd la propriété de ses champs et de sa hutte ; il lui est assigné, dans la région où il arrive, le terrain sur lequel il pourra bâtir sa demeure et les champs qu'il pourra cultiver. Pas n'est besoin d'ajouter que le gouvernement apprécie hautement l'œuvre de civilisation chrétienne accomplie dans le pays des ba-Souto par la Société des missions évangéliques de Paris.

EN ROUTE POUR BOULOUWAYO

CHAPITRE VIII

Du pays des ba-Souto à celui des ma-Tébélé par l'État Libre d'Orange. — Kimberley. — Maféking. — A Palapye, visite à Khama, le roi des ba-Mangwato. — Arrivée à Boulouwayo ; progrès accomplis dans cette ville depuis 1895. — Organisation et départ de l'expédition de M. Coillard.

Le 18 février, nous prenons congé des directeurs de la station de Léribé, M. et Mme Dieterlen ; après les avoir remerciés de leur chaude hospitalité ainsi que de tous les renseignements qu'ils ont bien voulu nous donner, nous traversons, M. Coillard et moi, la rivière Calédon dans un « cart » aimablement mis à notre disposition, et nous remettons le pied dans l'Etat libre d'Orange. Nous atteignons bientôt la paisible petite ville de Ficksburg. Nous arrivons ensuite, à travers de grandes plaines coupées çà et là par des coteaux, à Prinzesbourg, où M. Ch. Newberry nous accueille dans son superbe domaine de dix mille acres, soit 4500 hectares. Le propriétaire a déjà planté là un million d'arbres d'essences diverses : eucalyptus, pin, peuplier, même le noyer. La maison d'habitation offre tous les avantages et le confort d'une «country house» anglaise.

Le frère de notre hôte, M. J. Newberry, de Leuwriver, qui nous attend chez ce dernier, nous a envoyé son «cart» attelé de deux paires d'excellents chevaux, ce qui facilite beaucoup notre voyage dans un pays où les communications sont difficiles. Nous arrivons à Ladybrand, M. Coillard y donne une conférence devant un nombreux auditoire convoqué dans la salle du tribunal. Nous faisons notre prochaine halte à New-Vale, propriété de la famille Keck et pour la seconde fois, nous y recevons la plus gracieuse des hospitalités, ce qui nous permet de constater un intéressant travail missionnaire s'accomplissant parmi les indigènes. Enfin, nous sommes à Leuwriver, où M. J. Newberry nous réservait un accueil aussi chaud que lors de notre séjour en route pour le pays des ba-Souto. Il nous fit conduire encore à Blœmfontein, où avaient été arrangées plusieurs conférences pour M. Coillard. De Blœmfontein 480 kilomètres de voie ferrée nous amènent à Kimberley, la «ville des diamants», dont l'industrie continue à prospérer.

D'après ce que j'entends dire autour de moi, Kimberley est entrée dans une nouvelle phase de son existence : on n'y vient plus seulement pour tenter la fortune et s'en aller, on s'y établit. Dans une visite au « compound », le quartier des noirs travaillant aux mines, nous avons rencontré des mineurs zambéziens qui ont tenu à remettre à M. Coillard de petites sommes d'argent, fruit de leur travail.

C'est maintenant 350 kilomètres à faire plus au nord pour gagner Maféking, le vaste campement qui formait, il n'y a que peu d'années, le point terminus de la ligne de chemin de fer et le point de départ des caravanes pour l'intérieur. C'est à Maféking que notre expédition fut organisée en 1895, et c'est de cette localité que nous partîmes dans nos chariots tirés par des bœufs, à destination du Pays des ba-Rotsi (Haut-Zambèze). Actuellement le « chariot de feu », comme s'expriment les noirs, a prolongé sa course de 800 kilomètres au N.-E. jusqu'à Boulouwayo.

A PALAPYE
Khama, le roi des ba-Mangwato, et M. Coillard.

Nous avons le plaisir d'être rejoints à Maféking par M. A. Bœgner, le directeur de la

Société des missions évangéliques de Paris, qui revient de Madagascar et qui, désirant revoir M. Coillard, l'accompagnera jusqu'à Boulouwayo.

En route pour cette dernière ville, nous nous arrêtons deux jours à Palapye, la résidence de Khama, le sage roi des ba-Mangwato et l'ami de M. Coillard, qui nous accorde plusieurs entrevues. Depuis la dernière fois que je le vis, sa haute taille s'est un peu voûtée ; il possède toujours même charme et même distinction : un parfait gentleman.

Il me permit de lui adresser quelques questions au sujet de son voyage en Angleterre, où il se rendit, il y a quatre ans, pour demander à la reine Victoria son appui afin d'empêcher l'entrée de toute espèce d'alcool sur son territoire, belle mission, dans laquelle on sait qu'il obtient gain de cause. M. Coillard veut bien me servir d'interprète.

Khama compare Londres à une fourmilière. Il nous dit que ce qui l'a le plus frappé en

Angleterre, c'est le nombre des chrétiens qu'il a rencontrés; s'il pouvait retourner en Europe, il voudrait en visiter les différentes Eglises. Il nous raconte encore que, lors de sa présentation à la reine d'Angleterre, on lui avait recommandé de toujours regarder la reine, sans tourner la tête ni à droite, ni à gauche, et que le ministre des colonies en personne mit aux pieds de la souveraine, la superbe fourrure dont Khama voulait lui faire hommage. Puis la reine se leva et lui fit un petit discours; Khama ne fut pas peu gêné lorsque, suivant l'étiquette de la cour, il dut se retirer à reculons et en saluant. Il nous montre le Nouveau-Testament en maroquin rouge et aux armes d'Angleterre qui lui a été offert par la reine.

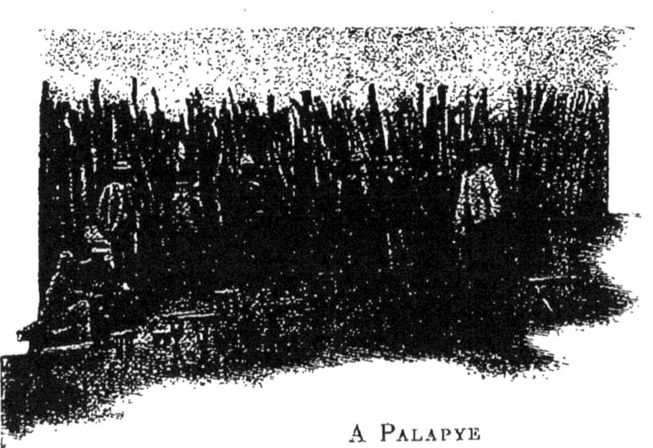

A Palapye
Après la réunion publique dans le « lékhotla » du roi Khama.

Sur la demande de M. Coillard, Khama annonce, dans le grand enclos, le « lékhotla », où il rend la justice, une réunion publique dans laquelle nous avons pu adresser la parole à plusieurs centaines de ses sujets.

Le 12 mars, nous sommes à Boulouwayo. Cette ville s'est beaucoup développée depuis notre passage il y a trois ans et demi, alors que nous revenions de notre exploration au pays des ba-Rotsi. Aujourd'hui elle est éclairée à l'électricité, et sur l'emplacement où se trouvaient jadis quelques huttes, se dresse un hôtel qui ne serait déplacé dans aucune grande ville européenne. A ce que m'apprend M. E. Ross Townsend, le « civil commissioner », la population de la ville aurait plus que doublé depuis 1895. A cette époque, le quartier Est de la ville comptait 20 maisons : il en possède actuellement 200. Le changement est aussi remarquable dans la partie sud-ouest avoisinant la gare, et qui s'est accrue de 200 à 300 constructions.

Le long de la « Main street », l'artère principale, il a été élevé plusieurs bâtiments, parmi lesquels nous citerons la «Mashonaland agency» avec des colonnades d'un bel effet, le nouveau club, supérieurement installé et qui remplace avantageusement la bicoque en tôle galvanisée des temps passés, l'élégante église wesleyenne, où nous avons assisté, un dimanche, à un important service dans lequel de superbes chants étaient accompagnés par la musique militaire.

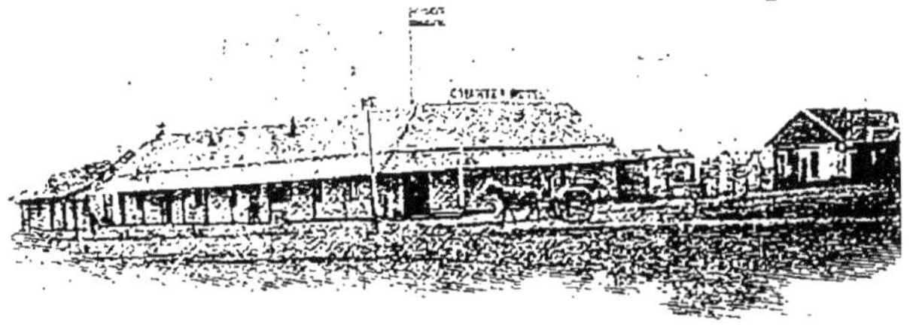

Le meilleur hôtel de Boulouwayo en 1895.

Les voies publiques importantes de Boulouwayo, qui ont une largeur moyenne de 30 mètres, se coupent à angle droit, à l'américaine. Celles qui courent du nord au sud sont des «rues», les autres portent le nom « d'avenues » et sont désignées par des numéros. Aujourd'hui, Boulouwayo est actuellement administré par un maire, assisté de huit conseillers; tous ces édiles sont élus par les contribuables jouissant d'un revenu annuel d'au moins 1700 francs. Nous voyons passablement d'arbres fruitiers dans les environs de la ville, et on y cultive beaucoup de légumes. L'irrégularité des saisons et le manque d'eau empêcheront probablement cette contrée de produire de grandes quantités de blé ; l'élevage du bétail y a plus d'avenir. On parle aussi d'introduire dans certains emplacements convenables la vigne et le caféier.

Le meilleur hôtel de Boulouwayo en 1899.

Rencontré à différentes reprises l'honorable capitaine Lawley, neveu du duc de Westminster et l'administrateur délégué du pays des ma-Tébélé ou Matébéléland. Nous déjeunons chez lui à la résidence, fort bien située à trois ou quatre kilomètres de la ville, sur la hauteur.

Cette résidence fut occupée par les ma-Tébélé en 1896.

Personne ne s'attendait alors à cette rébellion qui a éclaté comme un coup de foudre dans un ciel serein. Les ma-Tébélé auraient pu entrer sans coup férir dans Boulouwayo, alors une

La colonne missionnaire qui accompagnera M. Coillard au Pays des ba-Rotsi (Haut-Zambèze).

ville ouverte, et il est probable que pas un blanc n'aurait échappé à la mort. Aujourd'hui, cette jeune cité est entourée d'une enceinte de forts qui rendent toute surprise de ce genre impossible.

Le 17 mars, la colonne missionnaire que M. Coillard attendait d'Europe arriva à bon port à Boulouwayo. Elle comprenait dix-sept membres : le docteur et Mme de Prosch, Genevois ; M. et Mme Bouchet, cette dernière, hélas ! enlevée depuis dans la fleur de sa jeunesse et de sa riche nature, également de Genève ; M. et Mme P. Ramseyer, de Neuchâtel ; M. Burnier, de Lausanne ; M. et Mme Rittener, de Château-d'Œx ; enfin M. et Mme Liénard, M. Verdier, M. et Mme Lemue, Mlle Dupuy, M. et Mme Martin, tous Français.

Il est malaisé de se représenter ce que suppose l'organisation d'une expédition pareille en tel pays. M. Coillard, malgré son âge, n'a négligé aucun détail ; il s'est arrêté au parti le plus pratique et qui offre le moins de risques : il a passé un arrangement avec un vieux « trekker » blanc bien connu et expérimenté, qui s'est engagé par contrat à transporter cette expédition missionnaire, la plus forte qui se soit encore dirigée vers le Zambèze, jusque sur les bords du fleuve, vis-à-vis de Kazoungoula. Toutes les précautions dont il était humainement possible de s'entourer ont ainsi été prises. Dans cette partie de l'Afrique, il faut toujours compter avec la possibilité du manque d'eau, avec les grandes steppes de sable, avec le climat, etc.; mais ce sont là les *Acts of God*, comme disent les Anglais, et l'homme n'y peut rien.

Maintenant, la noble caravane est partie, son chef en tête. C'est un beau spectacle que celui offert par cette colonne de jeunes gens courant joyeusement à la suite de l'apôtre du Zambèze, vers un but si grand, et à travers tant de difficultés et d'inconnues. Nos vœux les plus ardents les accompagnent dans leur héroïque entreprise et nous espérons qu'en Europe les « Zambézias » formeront pour la mission du Zambèze une réserve solide, sur laquelle elle pourra compter.

Avant le départ de l'Expédition ! Quelques-uns des chariots.

Après avoir accompli mon programme, qui était d'accompagner M. Coillard jusqu'à Boulouwayo, je vais mettre à exécution un second plan auquel je pensais depuis longtemps.

J'ai pris le parti de traverser le pays des ma-Tébélé, direction du nord-est, pour arriver ainsi dans celui des ma-Shona et séjourner à Salisbury, capitale officielle de la Rhodésia. De là, je rejoindrai, direction sud-est, là où je le pourrai, la ligne du chemin de fer de Beira, par le moyen duquel, à travers la colonie portugaise Est-africaine, soit le territoire de la Compagnie de Mozambique, j'atteindrai Beira. Puis je me propose de prendre passage sur l'un des steamers de l'Océan Indien à destination de Madagascar, Aden, Djiboutil, canal de Suez, et le reste.

A TRAVERS LA RHODÉSIA

CHAPITRE IX

En coach à travers le Matébéléland et le Mashonaland. — A Salisbury, sa fondation et les difficultés qu'eurent à surmonter ses premiers pionniers. — Les cruels ma-Tébélé.

De Boulouwayo à Salisbury s'étendent 450 kilomètres de prairies entrecoupées par des forêts, des sables et des marécages. Nous les avons franchis en 89 heures, soit quatre jours et quatre nuits, sans nous arrêter, sauf quelques heures pendant une nuit et le temps nécessaire pour les relais et les repas très élastiques, ainsi que pour remettre en état notre « coach », qui a eu de nombreuses aventures. Pendant ce trajet il a versé une fois et s'est enlisé six ou sept fois.

Il ne pouvait guère en être autrement, car la piste est des plus mauvaises.

Le « coach », construit en Amérique et haut sur ressorts, qui vous secoue affreusement, peut tenir douze voyageurs ; mais nous n'avons jamais été seulement la moitié de ce nombre. A plusieurs reprises, comme je l'ai dit, nous sommes restés enlisés, et même près de Gwelo le conducteur a dû retourner dans cette ville chercher une autre voiture, la nôtre s'étant embourbée si profondément que ni la pelle, ni la pioche, ni les efforts redoublés de l'attelage ne purent la dégager.

Pendant cette opération nous avons passé la nuit à côté d'un marécage et sans pouvoir allumer du feu. Miasmes, forte rosée; tout est humide est froid après la forte chaleur de la journée. Puis est venu un pays de bois et de marais, non loin de Fort Gibbs; la contrée est déserte : seuls, des vautours perchés sur les arbres et qui semblent guetter une proie donnent quelque animation au paysage. Nous avons franchi un peu plus loin la rivière Sebakwe, qui forme la frontière naturelle entre le Matébéléland et le Mashonaland, et nous atteignons Enkledoon, petite localité composée de quelques huttes et d'une église ; elle est située dans une contrée fertile, bien arrosée et qui renferme déjà des fermes prospères.

Qui peut savoir ce que l'avenir réserve à ces villes naissantes ?

C'est ainsi que Gwelo déjà nommée sera sans doute appelée à devenir, avec ses 200 à 300 habitants, le centre d'un district minier.

Le « coach » s'embourbe.

On me dit que dans la saison des pluies — de novembre à janvier — les rivières sont très enflées, de sorte que le « coach » a pris jusqu'à quinze jours pour effectuer le trajet de Boulouwayo à Salisbury. L'énergie anglo-saxonne ne se laisse rebuter par aucun obstacle, et c'est vraiment un tour de force d'avoir entrepris cette ligne de poste régulière. Pendant le mois d'octobre 1895, M. Zeederberg, entrepreneur de ce service, pour lequel il reçoit une forte subvention annuelle, a perdu 320 mules sur les différentes routes des postes rhodésiennes. Pauvres mules, cinglées par un fouet que le conducteur manie à deux mains, on ne peut s'empêcher de vous plaindre et de vous apprécier !

Encore !

Nous voici à Salisbury ; je fais d'abord connaissance avec son infirmerie. Sir Marshall Clark, le représentant du gouvernement britannique au pays de Rhodésia, à qui je ne saurais assez témoigner ma reconnaissance, est venu me prendre à l'hôtel pour me conduire à l'infirmerie, car je souffre d'une attaque de fièvre paludéenne, unie probablement aux restes d'une ancienne insolation. Je dois la faveur d'une chambre particulière à l'infirmerie et les bons offices dont j'ai été l'objet, à une lettre d'introduction que m'avait remise sir Godefroy Lagden, le résident du pays des ba-Souto, chez lequel, à Masérou, nous avions séjourné jadis, M. Coillard et moi.

Une fois rétabli — et je n'oublierai pas les soins du Dr Wylie — je visite Salisbury et ses environs dans le « cart » que m'offre complaisamment sir Marshall Clark.

Salisbury est encore un des témoins les plus éloquents de l'énergie anglo-saxonne. C'est le 2 septembre 1890 qu'une première expédition de pionniers partie du nord du Transvaal, 200 européens et 150 indigènes, atteignit, après une marche de plus de 1600 kilomètres, le haut plateau de 4000 à 5000 pieds sur lequel devait s'élever bientôt la capitale de la Rhodésia.

Les 350 hommes de 1890 eurent à affronter des difficultés surhumaines. Pendant la première année, la mortalité causée par la fièvre fut très forte. En 1892 survint une famine qui mit presque un terme à l'existence de la jeune colonie. En 1893 seulement, les choses prennent un meilleur aspect, de nouveaux colons arrivent et la ville de Salisbury est définitivement fondée ainsi que celle de Victoria. Au mois d'octobre de la même année, le roi des ma-Tébélé envahit le pays des ma-Shona, ce qui amena la guerre contre les ma-Tébélé et la naissance de la ville de Boulawayo. Malgré ces circonstances adverses, la marche en avant continue; mais nous n'en avons pas fini avec les revers du début.

Quand, à la fin de 1895, les temps semblaient plus propices, l'Afrique du Sud fut de nouveau convulsionnée par le « raid » de Jameson, événement qui causa beaucoup de préjudice à la Rhodésia. Deux mois plus tard — février 1896 — éclata la « rinderpest », l'effrayante épidémie du bétail. Sur une seule ferme périrent plus de trois mille animaux et il n'y eut bientôt presque plus de bestiaux dans le pays.

Le gouvernement ayant ordonné la destruction de tout le bétail contaminé, soit qu'il appartint aux blancs ou aux indigènes, ces derniers avaient péniblement ressenti l'intrusion des blancs dans leurs affaires ; leurs prophètes n'eurent pas de peine à les persuader que la « rinderpest » était due aux maléfices des Européens. D'où le soulèvement des indigènes, qui eut pour résultat l'anéantissement d'un dixième environ de la population blanche; son extermination aurait été complète, si une semaine avant l'époque fixée pour les nouvelles Vêpres siciliennes, plusieurs inspecteurs blancs n'avaient déjà été tués par les ma-Tébélé, ce qui fit avorter le projet. On n'a qu'une idée bien incomplète en Europe de la barbarie des ma-Tébélé; la guerre qui nous occupe forme une page aussi horrible que dramatique de l'histoire de ces jeunes pays. Une fois la rébellion réprimée, et cela dura longtemps, il s'écoula encore bien des mois avant que l'ordre fût complètement rétabli et que les colons pussent de nouveau reprendre leur activité normale.

Il faut espérer pour le bien de ces contrées et pour la cause de l'humanité que la puissance des ma-Tébélé aura reçu en 1896 un choc dont elle ne pourra plus se relever. C'est un châtiment qui pour s'être fait attendre n'en a été que plus mérité.

Pendant plus d'un demi-siècle, les ma-Tébélé, véritables tigres humains, ont étendu leurs déprédations sur une superficie de pays qui peut être évaluée à cent quarante-quatre mille kilomètres carrés, soit du lac Ngami à l'ouest jusqu'à l'arête du grand plateau non loin des possessions portugaises Est-africaines, et au nord jusqu'à Zambèze.

Par eux de grands districts ont été dépeuplés et rendus déserts. Toujours en guerre, les ma-Tébélé vivaient de rapines, de pillages et ils étaient devenus la terreur des populations indigènes. Ils exécutaient dans ces contrées des

« raids » au cours desquels les hommes étaient massacrés souvent avec des raffinements de cruautés impossibles à décrire. Il en était de même pour les enfants, auxquels ils laissaient souvent parfois la vie sauve, afin d'en faire des esclaves ou de futures recrues pour leur armée.

Les ma-Tébélé professaient un profond mépris pour les tribus indigènes du sud de l'Afrique, ils faisaient une exception en faveur de la tribu martiale qui avait pour chef Gunyunyana. Lors de la première guerre en 1893, Lobengoula, le roi des ma-Tébélé ne désirait pas se mesurer avec les blancs; mais il fut débordé par ses jeunes guerriers qui voulaient « laver leurs lances dans le sang. »

M. Louis Jalla de la mission du Haut-Zambèze, m'a raconté que dans un voyage qu'il fit au sud du grand fleuve, il trouva les restes de malheureux enfants à moitié carbonisés. Les ma-Tébélé avaient passé par-là. Après s'être saisis de quelques-unes de ces pauvres créatures, ils les avaient attachées par les jambes à une traverse reliée à des pieux fichés en terre; puis ils avaient allumé des feux à une certaine distance de leurs victimes et pendant toute la nuit, ces féroces guerriers s'étaient repus de leurs cris d'agonie.

En 1878, le missionnaire Coillard fut le prisonnier de Lobengoula et pendant sa captivité, il put se rendre compte des choses horribles qui se passaient dans le camp du roi des ma-Tébélé.

« Boulouwayo » l'ancienne résidence de Lobengoula porte un nom bien significatif, ce mot de langue zouloue se traduit par « Place des carnages ».

Ceux d'entre leurs captifs, que les ma-Tébélé ne considéraient que comme bons à garder le bétail, étaient appelés « Maholis »; on les désigne aujourd'hui sous les noms de « ma-Kalanga » ou de « ma-Kalaka » et ils sont disséminés dans certaines parties du Matébéléland et du Mashonaland.

Bref ce qui caractérise les ma-Tébélé, race guerrière d'origine zouloue, c'est la cruauté;

ils sont en général courageux, d'autre part ils dédaignent tout travail régulier.

Leur développement physique est très supérieur à celui des ma-Shona.

Les ma-Shona, de dispositions beaucoup plus pacifiques, se livrent aussi plus volontiers à un travail suivi soit pour cultiver le sol, soit dans l'exercice de divers métiers.

Pendant plus d'un demi-siècle, le pays des ma-Shona a été mis à feu et à sang par les ma-Tébélé; avant cette époque, les tribus qui peuplaient le Mashonaland possédaient du bétail en abondance et cultivaient le sol.

SALISBURY

LA CAPITALE DE LA RHODÉSIA

CHAPITRE X

Salisbury, capitale officielle de la Rhodésia. — Elle va être reliée à l'Océan Indien ; modifications au point de vue économique. — L'élection du Conseil législatif. — La Rhodésia. — On y trouve des débris de la nation des ba-Rotsi ; leur influence auprès des indigènes. — Un épisode de la révolte de 1896.

Aujourd'hui Salisbury, chef-lieu du Mashonaland, est aussi le siège du gouvernement, soit la capitale officielle de la partie de la Rhodésia située au sud du Zambèze, comprenant le Matébéléland et le Mashonaland.

Elle a été conçue sur le plan d'une grande cité, et on me dit que les rues tracées couvrent en longueur une superficie de 50 à 60 kilomètres. Les maisons, généralement en briques, aux toits couverts de tôle galvanisée, ont rarement plus d'un étage ; beaucoup d'entre elles se composent uniquement du rez-de-chaussée et sont indépendantes les unes des autres ; elles

Arrêté par la fièvre à l'Infirmerie de Salisbury.

varient d'aspect suivant le goût de leurs possesseurs. Nous trouvons encore nombre de constructions faites entièrement de tôle galvanisée.

Ici, plus encore que jadis à Boulouwayo, qui depuis peu, a accompli d'énormes progrès, nous avons l'impression d'un grand campement. En somme, Salisbury, tout officielle qu'elle soit, a moins d'animation que Boulouwayo, la ville d'entreprise par excellence, dont les rues sont aussi mieux entretenues et les maisons mieux construites.

A cette heure, Salisbury compte une population de 2000 à 2500 blancs, pour la plupart gens mariés. Sans parler des édifices réservés à l'administration, elle possède trois églises, deux écoles, un hôtel, trois banques, un marché couvert, huit hôtels ou hôtelleries, une station de police centrale, trois clubs dont l'un m'a fait l'honneur de m'inscrire dans son livre. En outre, trait bien typique et caractéristique des mœurs anglaises, Salisbury possède plus de vingt sociétés de sport, tir, musique, etc.

La presse locale y est représentée par deux journaux : le *Rhodesian Herald,* paraissant tous les jours, et le *Rhodesian Times,* qui est hebdomadaire. De superbes boutiques sont déjà ouvertes dans le quartier des affaires. Tout près de celui-ci se trouve le quartier officiel. Enfin, au nord-est, en dehors de la ville proprement dite, a pris naissance le quartier aristocratique, avec les deux résidences gouvernementales et de nombreuses villas aux jardins fleuris. La ville est administrée par un maire et huit conseillers. J'ai eu l'honneur d'accompagner sir Marshall et lady Clarke à la cérémonie, où l'administrateur du Mashonaland, M. Milton, a remis au maire, M. Fairbridge, l'insigne de son pouvoir, soit une magnifique chaîne d'or massif ornée de médailles. Cette cérémonie a eu lieu dans la halle du marché, remplie d'une foule de citoyens, dont quelques-uns en bras de chemise, ce qui n'a nullement nui au décorum.

Jusqu'ici la ville de Salisbury était isolée et sans communication facile, ce qui y rendait la vie très chère : c'est ainsi que, pendant mon séjour, une douzaine d'œufs pouvait se payer encore de 20 à 25 francs et un poulet de 15 à 20 francs. Tout cela va changer, car le chemin de fer si désiré, dont la tête de ligne se trouve à Beira sur l'Océan Indien, avance rapidement, et l'on parlait même de son inauguration pour la fin du mois de mai de la présente année[1]. Ce chemin de fer modifiera du tout au tout les conditions d'existence de Salisbury et sera d'un immense bénéfice pour le Mashonaland tout entier.

L'administrateur du Mashonaland, M. Milton, que j'ai eu le privilège de rencontrer plusieurs fois, m'a dit que pas plus tard qu'en 1897, une tonne de marchandises (1000 kilos) voiturée par un chariot à bœufs, de Umtali, alors terminus du chemin de fer, à Salisbury, soit un parcours de 270 à 280 kilomètres, revenait à 3750 francs. Aujourd'hui, pour le même parcours et par le même moyen de locomotion, une tonne de marchandises coûte 250 francs de transport. Ces prix s'abaisseront encore considérablement lorsque la ligne ferrée atteindra Salisbury. En effet, d'après la convention anglo-portugaise de

[1] L'inauguration s'est faite à l'époque fixée.

1891, les tarifs de cette ligne ne doivent pas dépasser ceux des chemins de fer de la colonie du Cap, soit 6 pence ou 60 à 65 centimes par tonne et par mille. A cette époque, par conséquent, de Umtali à Salisbury, une tonne de marchandises coûtera 18 francs 40 c. et du port de Beira sur l'Océan Indien, à la tête de la ligne, Salisbury, la tonne de marchandises reviendra de 225 à 250 francs. C'est donc toute une révolution économique qui se prépare.

Pendant mon séjour à Salisbury, il m'a été donné d'assister à l'élection d'un nouveau « conseil législatif » pour la Rhodésia et devant siéger à Salisbury. Il doit se composer de deux députés élus par le Mashonaland, de deux élus par le Matébéléland, tandis que la direction de la Chartered Company possède pour sa part cinq représentants. Dans la circonscription de Salisbury, ce jour d'élection, un lundi, est considéré comme férié; les électeurs se croisent dans les rues et se rendent au scrutin en arborant les couleurs de leur candidat préféré, bleu clair ou bleu foncé et orange. Ces couleurs se voient partout. Voici même un beau chien qui, sur son poil noir frisé, arbore fièrement le ruban bleu clair. En outre, comme dans tous les pays du monde en pareille circonstance, des affiches, mais grandes et répandues à profusion, célèbrent les mérites des différents candidats.

Le Mashonaland, d'une superficie d'environ 182,000 kilomètres carrés, compte approximativement 250,000 à 300,000 indigènes et 6000 blancs. Le Matébéléland, de 124,800 kilomètres carrés, possède de son côté 120,000 indigènes et 6000 blancs. Ces deux provinces réunies sous le nom de Rhodésia du Sud, sont dotées d'un gouvernement dans le détail duquel nous ne pouvons entrer en ce moment.

Disons encore, cependant, que les colons de la Rhodésia du Sud fondent à tort ou à raison non seulement beaucoup d'espoir sur les mines; mais avec le développement de l'irrigation surtout, ils prévoient aussi un certain essor de l'agriculture et de l'élevage. Le pays de Rhodésia produit déjà des céréales, ainsi que du tabac et du caoutchouc. On parle d'introduire le café, le riz, le coton, etc. Mais que d'ennemis contre lesquels il faut lutter ! A ceux déjà connus de nos lecteurs, il faut ajouter une maladie, particulière au cheval, la « horse sickness » qui, en peu de temps, a enlevé le 80 % de leurs chevaux aux troupes montées. En ce qui concerne la Rhodésia, sujet tellement discuté et d'actualité brûlante, je transcrirai en quelques lignes les résultats d'entretiens que j'ai eus à ce sujet avec M. Simpson, l'un des rédacteurs du *Rhodesian Herald*, et qui a habité Salisbury pendant quatre années : « Jusqu'ici ce qui a été écrit au sujet du pays de Rhodésia, n'a pas toujours été impartial. Tandis que ses admirateurs le décrivent

Au Pays des ma-Shona.

comme un véritable paradis découlant de lait et de miel, ses détracteurs en font un tableau tout aussi erroné, en le dépeignant sous les sombres couleurs d'un marécage toujours hanté par la fièvre et impropre à la colonisation européenne.

Ces deux manières de voir sont exagérées. Bref l'on peut dire que le pays de Rhodésia n'est ni aussi bon, ni aussi mauvais qu'on a bien voulu le représenter. Que dans des circonstances ordinaires, ce pays soit capable — même sans parler de l'industrie encore problématique des mines d'or — de nourrir un assez bon nombre d'Européens, cela ne fait pas de doute pour la plupart de ceux qui l'ont visité. Il faut ajouter que seuls les hommes persévérants, sobres, doués d'une grande énergie, et décidés à supporter nombre de privations et de déceptions sans cesse renouvelées, dont on ne se fait aucune idée dans nos pays civilisés, sont capables de gagner leur vie dans ces contrées nouvelles. En outre, chaque nouveau colon devrait être pourvu d'un petit capital ».

En parcourant la ville, je suis frappé du nombre de bicyclettes; les cavaliers et les voitures abondent moins qu'à Boulouwayo; ces dernières sont attelées de mules, qui résistent peut-être mieux à la « horse sickness ».

Le chef du cadastre de la Rhodésia, M. Orpen, ancien magistrat au Basoutoland et vieil ami de M. Coillard, qu'il connaît depuis 1858, soit une année après son arrivée en Afrique, disons en passant qu'il a épousé Mlle Rolland, fille du missionnaire bien connu, me fournit d'intéressants détails ethnologiques.

Il me dit qu'aujourd'hui encore, on trouve des débris de la tribu des ba-Rotsi dans le Matébéléland et le Mashonaland. Avant que Amasware et ensuite Mosélékatsi le grand chef des ma-Tébélé, ne les aient vaincus et conquis, les ba-Rotsi formaient paraît-il, la race régnante du territoire appelé aujourd'hui la Rhodésia du Sud. Leur souverain s'appelait Mambo et il résidait aux sources de la rivière Shangani soit à environ 80 kilomètres à l'est de Boulouwayo.

C'est après leur défaite que les ba-Rotsi émigrèrent en masse au nord du Zambèze.

A l'heure qu'il est, lorsqu'elles ont à investir du pouvoir l'un de leurs chefs, plusieurs des tribus ma-Kalaka et ma-Shona s'adressent pour cette cérémonie à quelque ressortissant de la tribu des ba-Rotsi. Les ba-Rotsi, disent-ils, furent les premiers représentants de la race noire qui pénétrèrent dans cette contrée, d'autres tribus suivirent leur émigration qui venait du « Nord ». Les ba-Rotsi rencontrés par M. Orpen lui ont dit que leur langage différait de celui des ma-Kalaka. Ils considèrent le « Molimo » qu'ils adorent, comme le créateur de toutes choses. L'endroit où le « Molimo » se manifeste lui-même dans l'obcurité et par la voix, comme un oracle, se trouve être une caverne située à 40 kilomètres au sud de Boulouwayo ; ce n'est pas la seule caverne habitée par les prêtres, et où la voix du « Molimo » puisse être entendue.

Les ma-Shona et d'autres tribus, quelques-unes habitant même le territoire portugais, envoient au « Molimo » des présents qui consistent en bétail noir, en chèvres noires ainsi qu'en des cadeaux variés, toujours de couleur noire, et aussi des enfants.

Entre autres invitations reçues avant mon départ, j'ai aussi eu le plaisir de me rendre chez le « Chief Inspector », M. Robinson et presque toutes les personnes que je rencontre dans cette maison ont passé par les transes et les horreurs de la rébellion de 1896.

On estime que pendant cette période, au Mashonaland seulement, deux cents blancs ont été massacrés par les indigènes, tandis que deux cents autres blancs sont morts soit en combattant, soit des suites de leurs blessures, soit de la fièvre. Que de scènes tragiques se sont passées dans cette contrée, où la révolte a éclaté soudainement et souvent, sans que les malheureux colons isolés et disséminés dans cet immense pays, aient eu le moindre espoir de secours. A quelques kilomètres de Salisbury, une famille entière est brutalement assassinée, et quels supplices; disons qu'à Mazœ ces sauvages se saisissent d'un malheureux colon et, vivant, ils lui coupent tous les doigts; ailleurs un blanc se voit brûler vif par les indigènes. Des chefs de familles, impuissants à les secourir, voient les leurs mis à mort avec des raffinements de cruauté. Il faudrait des pages pour raconter ces atrocités.

Que de combats désespérés; mais aussi que de traits d'héroïsme et de dévouement se sont produits à cette époque, qui forme l'une des pages les plus sombres de l'histoire de cette jeune colonie. C'est ainsi que non loin de Salisbury, des blancs, dont quelques-uns, gens mariés, sont assiégés par une horde de sauvages. Deux hommes se dévouent et ils s'efforcent d'atteindre la hutte qui sert de bureau des télégraphes, — car les indigènes n'ont pas encore appris en temps de guerre à couper les fils, — et demander du secours à Salisbury. Ils avaient quelques centaines de mètres à parcourir : l'un d'eux tombe presque aussitôt mortellement frappé, tandis que le second, grièvement blessé, peut avant d'expirer, lancer un télégramme à Salisbury. Ce télégramme, réclamant l'envoi immédiat de cent hommes, est reçu par le capitaine Randolph Wesbit, qui commandait une patrouille forte seulement de vingt hommes. Il se met aussitôt en route et il parvient à se frayer un passage à travers les assiégeants. Les femmes sont placées dans un chariot recouvert de tôle et furent sauvées; les indigènes furieux de voir cette proie leur échapper, attaquent à différentes reprises le petit convoi dont presque tous les hommes furent tués ou blessés.

LE CHEMIN DE FER

BEIRA-UMTALI-SALISBURY

(COLONIE PORTUGAISE EST-AFRICAINE)

CHAPITRE XI

De Salisbury à Russapee, la première station organisée du chemin de fer de Beira-Umtali à Salisbury. — Une ville qui se déplace. — A travers le territoire de la Compagnie de Mozambique de New-Umtali à Beira. — La ligne ferrée. — Le pays de la mort. — Le port de Beira sur l'Océan Indien.

J'ai quitté Salisbury sur une « wagonette » recouverte de toile blanche et attelée de dix mules. Deux autres voyageurs, dont l'un m'inspire assez peu de confiance, tâchent comme moi d'y prendre place au milieu des bagages et des sacs de lettres qui l'encombrent. Plusieurs de mes amis qui ont été si bons pendant mon séjour sont venus me serrer la main. A sept heures et demie du soir, les claquements du grand fouet ont fait prendre le trot aux mules, et Salisbury a disparu bientôt à nos regards.

Je dois renoncer à dénombrer les incidents souvent dramatiques, dont ma mémoire ainsi que mon journal ont gardé les traces. Je détacherai pourtant, presque au hasard, quelques passages de mes notes :

21 avril. Quelle nuit ! Serrés comme des anchois, les jambes brisées et, secoués à en périr ! De bonne heure nous sommes enveloppés par un épais brouillard, tout est mouillé et humide. A neuf heures du matin nous atteignons Marandella. Notre patache court par monts et par vaux, le long d'une contrée verdoyante ; nous y jouissons de ravissants points de vue sur les collines aux rochers superposés affectant les formes les plus diverses et dont plusieurs ne semblent se maintenir que par un prodige d'équilibre ou par une longue habitude.

Nous continuons à être secoués et à suffoquer de chaleur. Après avoir passé à gué la rivière de M'cheki, où les mules ont de l'eau jusqu'au poitrail, et une plaine de marécages, nous arrivons à Headland, sorte de ferme-hôtellerie tenue par des Boers. Comme je n'ai rien mangé depuis le matin, et il est cinq heures, je suis heureux de voir arriver du thé, du beurre, du pain et de la « compôte aux tomates ».

23 avril. Ayant quitté Headland, nous prenons une piste fort mauvaise ; nous allons descendre un col lorsque la roue de droite de l'arrière de notre véhicule se casse, et nous versons. A quelques minutes plus bas, alors que nous aurions été lancé à grande allure, nous ne nous en serions pas tirés à si bon marché !

Le « driver » a pris deux mules pour aller quérir une roue à Headland. A onze heures et demie seulement, il revient dans un léger « cart », muni d'une roue de rechange, mais, ô déception ! l'essieu est trop gros pour la roue. Notre « driver », le malheureux cocher souffre subitement d'un violent accès de fièvre. Il s'étend par terre, commence à gémir. Je lui fais avaler une forte dose de quinine et nous attendons. Ce n'est qu'entre une et deux heures qu'il peut donner l'ordre à son aide « boy » d'atteler les dix mules au petit « cart », de le remplir avec les sacs de poste et d'aller à Russapee pour y chercher du secours.

En détresse !

Je vais pendant ce temps, avec un compagnon, chercher de l'eau pour apaiser la soif de notre « driver » gisant toujours malade dans la wagonette. Au cours de cette promenade, j'ai aperçu au sommet d'une colline les huttes plus que rudimentaires d'un village indigène, disséminées dans les rochers.

J'essaie de me mettre à l'abri des rayons du soleil en m'installant derrière un bloc de granit. Ce n'est qu'entre cinq et sept heures du soir qu'arrive le secours désiré, sous la forme d'un chariot de transport et d'un nouveau conducteur amené par le « boy ». Nous avons vite fait de charger le bagage sur le chariot et de nous y hisser nous-mêmes, tant bien que mal ; le « driver », qui a recouvré ses esprits, peut prendre les rênes, tandis que le nouveau conducteur maniera le grand fouet, et... en route !

Nous n'avons pas roulé une heure qu'à une forte pente, ordre est donné au « boy » de serrer le frein ; en descendant du charriot il roule à terre, et l'attelage lancé s'embourbe, heureusement sur la gauche de la piste, ce qui nous empêche de verser. Cependant la piste, traversant des marécages, demeure mauvaise ; nous nous embourbons sérieusement et il faut recourir à la bêche pour dégager l'une des roues.

Après avoir franchi de grandes plaines couvertes de hautes herbes, nous apercevons dans le lointain — avec quelle joie! — les lumières de Russapee. Nous passons la rivière Lesapi, 25 à 30 mètres de large, avec une profondeur moyenne de quatre pieds. Les mules entrent bravement dans l'eau, qui inonde le fond du chariot.

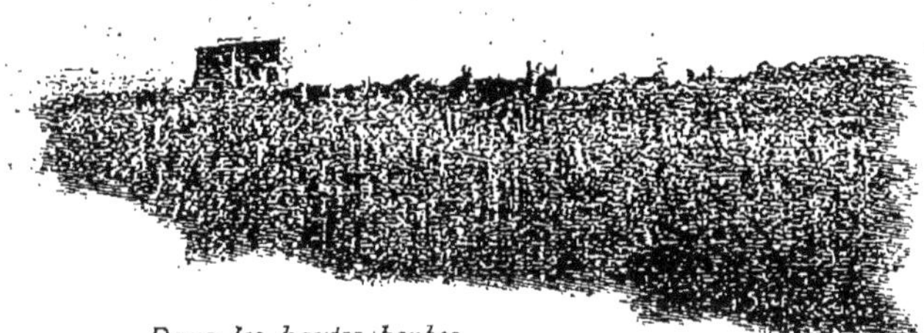

Dans les hautes herbes.

Enfin nous sommes arrivés, et nous ne sommes pas fâchés de faire honneur, dans la petite hôtellerie de Russapee, au repas qui nous y est servi. Nous sommes restés vingt-six heures sans manger, et pendant ce temps nous n'avons eu comme boisson qu'une tasse de café et un peu d'eau. Nous allons chercher le repos dans des huttes rondes en torchis et recouvertes de chaume qui servent de chambres à coucher. Quant à Russapee elle-même, c'est une petite localité insalubre, située au-dessus d'une plaine marécageuse ; mais, ô merveille ! nous y retrouvons le contact avec le monde civilisé. Nous entendons le sifflet de la locomotive de la ligne Beira-Umtali-Salisbury, qui d'une manière régulière, s'arrête là pour le quart d'heure. Nous montons bientôt en wagon, wagon très primitif, avec une banquette sur chaque côté pour empiler les bagages. Nous ne sommes pas en route depuis une demi-heure que nous nous arrêtons pour prendre de l'eau, puis pour charger de bois le tender, car la machine est chauffée au bois, et ces deux manœuvres se renouvelleront souvent.

En quatre heures, nous gagnons Umtali, Old-Umtali, la vieille ville, qui a été fondée en 1892 n'existe plus. Au moment de la construction du chemin de fer, il a été jugé nécessaire de déplacer la ville à seize kilomètres plus à l'Est, ce qui a été accompli moyennant des indemnités au montant d'environ un million de francs payées aux habitants. La nouvelle ville, située à une altitude de 1200 mètres, a reçu le nom de New-Umtali. Sa population blanche peut être évaluée de 300 à 700 âmes. Cette ville est surtout formée d'une large artère bordée de constructions en briques ou en tôle galvanisée, ces dernières les plus nombreuses, ainsi que de maisons disséminées. J'y visite un hôpital, le tribunal, un superbe parc traversé par une rivière, avec déjà quelques pelouses de fleurs : roses, œillets, etc. On me montre, dans une serre, des plantons de caféier dont on va essayer la culture.

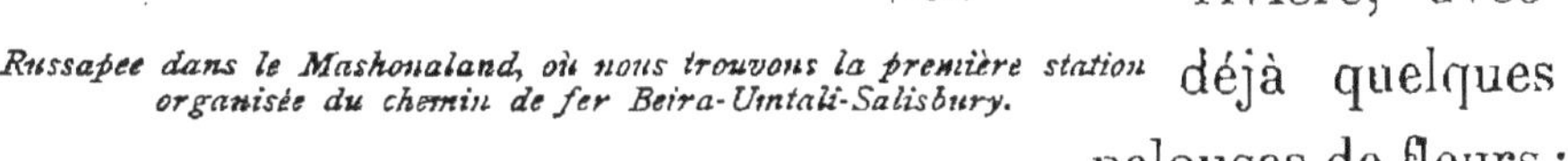

Russapee dans le Mashonaland, où nous trouvons la première station organisée du chemin de fer Beira-Umtali-Salisbury.

Grâce à de précieuses introductions de personnages officiels, la direction du chemin de fer me fait la gracieuseté de mettre à ma disposition un wagon directement pour Beira et qui sera attaché à la queue d'un train spécial. C'est un grand privilège, surtout en ces contrées des possessions portugaises ou du territoire de la Compagnie de Mozambique, que je vais traverser pour atteindre l'océan Indien, et qui comptent parmi les plus malsaines et les plus meurtrières du monde. Pendant un certain temps la frontière que je vais franchir est restée indécise : cette question doit être arbitragée en Suisse, à Berne « Berner agreement », par une commission qui n'a pas encore rendu sa sentence.

J'ai pris possession de mon wagon et la direction de la Compagnie a poussé la courtoisie jusqu'à me considérer comme son hôte, et à ne vouloir accepter aucun paiement pour le voyage jusqu'à Beira. Mon wagon est un wagon de marchandises couvert ; le chef de gare de New-Umtali a eu la délicate attention d'y mettre une chaise, l'unique chaise de son bureau. J'ai offert l'hospitalité dans la dite voiture à M. R. Simpson, l'un des rédacteurs du *Rhodesian Herald*, qui retourne en Europe ; il m'a fourni nombre d'informations et d'aperçus intéressants sur le pays de Rhodesia qu'il a habité depuis 1895.

Après deux heures de route, nous atteignons la petite ville portugaise de Massikessi, où une douzaine de douaniers vêtus de « kaki » et coiffés d'un feutre gris, circulent autour de notre train, examinant les bagages. Nous avons cessé d'être sous le drapeau anglais ; mais le chemin de fer où nous circulons, est pourtant la propriété d'une compagnie anglaise qui a désiré relier la Rhodesia à l'océan Indien.

Après avoir traversé quelques stations, dont plusieurs sont autant de petites villes naissantes, nous stoppons au 113e mille, et l'on me demande si je consentirais à donner encore l'hospitalité dans mon wagon au docteur Edouard Rist. Sur ma réponse affirmative, je vois entrer un homme jeune encore et sympathique. Par une curieuse coïncidence, mon nouveau compagnon a passé les premières année de sa vie dans le canton de Vaud, puis il a suivi le collège de Lausanne et vécu chez le fils d'Urbain Olivier; il conserve pour la Suisse une vive affection. Ancien élève de l'Institut Pasteur à Paris, il est venu pour le compte de la Compagnie de Mozambique installer à Beira un laboratoire bactériologique, destiné à la prophylaxie des maladies infectieuses, et en particulier de la peste. Il vient de passer deux jours à l'hôpital anglais installé avec beaucoup de soin par la direction générale du chemin de fer Beira-Umtali, pour les employés de la ligne. Nous ne tardons pas à faire bonne connaissance et à mettre nos provisions en commun, nous félicitant l'un et l'autre de cette rencontre si inattendue.

Au matin et en quête d'une tasse de café, nous trouvons à Bamboo Creek une hôtellerie tenue par le fameux chasseur français Jean Renault, de Pau, dont les exploits cynégétiques ont fait quelque bruit.

Il y a beaucoup de gros gibier dans le « Beira Flatt », plaine de Beira, zèbres, antilopes variées, buffles, etc. Après une conversation avec Jean Renault, j'en tire la conclusion qu'il considère la chasse aux buffles comme beaucoup plus dangereuse que celle du lion. Les lions pullulent dans ces contrées et Jean Renault me dit qu'en une seule année, douze ou treize blancs furent victimes de ces fauves.

Nous avons traversé de nombreux marécages recouverts de hautes herbes, des forêts plus ou moins denses, avec çà et là des groupements de huttes en roseaux, tout imprégnées d'humidité et qui servent d'habitation aux pauvres nègres occupés à la voie.

Nous parvenons, toujours à travers une plaine marécageuse, à un endroit nommé Fontesvilla, qui est considéré comme un véritable charnier, et dont les huttes sont construites sur des pilotis immergés dans l'eau et la boue. Le sol est seulement à un mètre et demi au-dessus du niveau de la mer ; pendant la saison des pluies, Fontesvilla et ses environs sont convertis en un grand lac vaseux de deux à trois pieds de profondeur. Bryce raconte dans son livre, qu'en 1896 le climat de Fontesvilla parut relativement salubre, attendu qu'au cours de cette année-là le 42 °/₀ seulement des blancs établis avait trouvé la mort. Qu'était-ce alors dans les périodes moins heureuses?

Nous ne sommes plus séparés de Beira que par cinquante-quatre kilomètres, mais nous sommes impatients de les avoir derrière nous pour échapper aux émanations fiévreuses de cette région pestilentielle.

Au moment où nous traversons la rivière Pungwe, sur un pont provisoire élevé à la suite d'un accident de la voie, et tandis que nos wagons sont poussés par des noirs, je m'amuse à en photographier deux qui prennent la fuite en s'écriant que ma boîte renferme un démon. Sur la rive droite de la rivière, nous passons une heure au soleil à attendre, avant de franchir la grande plaine marécageuse, coupée parfois par la forêt vierge et de superbes groupes de palmiers et bambous, le serpent sous les fleurs, car partout nous voyons l'eau croupissante sous cette nappe de verdure. Enfin, entre une et deux heures de l'après-midi, nous débarquons à Beira.

Par les quelques détails que nous avons donnés sur l'atroce climat de cette partie des possessions portugaises, on peut se faire une idée de ce que la construction des 217 milles — le « mille » compte 1609 mètres — qui séparent Beira d'Umtali a coûté de vies d'hommes. Combien de travailleurs à leur poste de devoir le matin et qui, le soir déjà, dormaient dans la tombe! On estime à 1500 blancs et coolies les pertes de la période 1892 à 1898. Pour le terrassement de la ligne, on fit venir des Indes deux steamers chargés de coolies; ils furent si vite enlevés qu'il fallut appeler, pour prendre leur place, des nègres des bords du Zambèze, beaucoup plus réfractaires à ce climat meurtrier. La construction du pont de Rewiew a coûté le 80 ou 85 % des ouvriers employés à ce travail.

Combien dans cette atmosphère infestée, où les fièvres paludéennes sont endémiques, où les individus les plus forts sont fauchés comme l'herbe, l'existence humaine est peu de chose ! Aussi bien les gens voient-ils la mort d'un autre œil que chez nous, comme la visiteuse toujours présente et prête à faire son œuvre. Une après-midi, dans une des petites stations que nous avons traversées, on nous informe que l'employé du télégraphe venait de succomber à une attaque de fièvre paludéenne. Cela semblait chose tout ordinaire.

Le chemin de fer de Beira a coûté des hécatombes d'hommes et beaucoup d'argent, car il a présenté des difficultés techniques immenses. Les rails sur la section Beira-Umtali, n'ont qu'un écartement de deux pieds ; cet écartement va être porté à trois pieds, comme c'est déjà le cas sur le tronçon Umtali-Salisbury, une somme de plus de seize millions de francs a été souscrite à cet effet.

Tant d'énergie et de sacrifices appellent plus que de l'étonnement. Il est impossible de ne pas admirer l'indomptable *go ahead* des Anglo-Saxons, asservissant littéralement la terre à leurs besoins, et lui arrachant à force d'énergie les biens qu'elle semblait vouloir refuser à jamais à l'industrie humaine. La ligne que nous venons de parcourir fera époque dans le développement économique du sud de l'Afrique et déjà l'on parle d'une nouvelle voie qui reliera Salisbury à Boulouwayo en passant par Gwelo.

Une rue à Beira.

Cette course à travers le pays de la mort est heureusement achevée ; nous sommes sur les bords de l'océan Indien, à Beira. Dans cette ville les rues sont couvertes d'un sable épais où il serait difficile de se mouvoir sans la ressource des trottoirs cimentés. Il y a aussi, dans les principales artères, une voie ferrée où courent, non pas des tramways soit électriques, soit à vapeur, mais de petites voitures appartenant à des particuliers et poussées par des noirs. C'est dans une de ces petites voitures sur rails après quelques visites — une en particulier au club entouré d'une vaste galerie dominant la mer et où l'on me fait l'honneur d'inscrire mon nom — que je me rends, selon l'usage, à la Résidence. Là j'ai une intéressante entrevue avec le gouverneur portugais, le colonel Manuel Raphael Corjano. Il a la réputation d'un brave homme, toutefois pas toujours secondé par son entourage comme il le faudrait.

On a fait en général une si mauvaise réputation à Beira que le voyageur est plutôt trompé en bien à son sujet. La ville repose sur le sable et grâce aux travaux d'assainissement successifs et aux brises de l'Océan, on espère y rendre le séjour à peu près supportable. La population comptait, d'après le rapport officiel de 1898, 4000 à 4500 habitants, savoir 665 Portugais, 191 Anglais, 85 Français, 59 Grecs, 44 Italiens, 33 Allemands, 24 Autrichiens, 15 Suisses, 9 Hollandais, 2580 nègres, 309 Indous, 127 Chinois, plus quelques Belges, Scandinaves, Américains, Russes, Espagnols, Turcs, etc. — une belle macédoine de nationalités, comme on voit. D'après la même autorité, les importations se sont élevées en 1892 à 22,500,000 fr. et les exportations — caoutchouc, cire d'abeille, un peu d'ivoire — à 785,000 fr.

La colonie portugaise de Mozambique ou Est-africaine portugaise est divisée en deux provinces séparées par le Zambèze, à savoir, au nord, la province de Mozambique proprement dite et au sud celle de Lourenço Marquès. L'ensemble a une superficie estimée à 437,000 kilomètres carrés; une partie importante de cet immense territoire a été concédée à diverses compagnies. La portion cédée à la Compagnie de Mozambique, avec quartier général à Beira, s'étend du Zambèze au nord, à la rivière Sabi au sud, sur un espace de 96,500 kilomètres. Une autre compagnie s'est engagée à construire en une année, un chemin de fer qui partant de l'océan Indien, aboutira aux rives du lac Nyassa, tandis qu'une troisième compagnie assise sur la rivière Sabi et le Limpopo, s'est chargée, de son côté, d'établir une voie ferrée allant du Limpopo jusqu'à la frontière du Transvaal.

LE RETOUR

PAR LA CÔTE ORIENTALE

12

CHAPITRE XII

En mer : de Beira à Marseille. — La ville de Mozambique. — Diégo-Suarez N.-E. de Madagascar. — Rencontre du général Galliéni à bord du « Djemnah ». — Djiboutil. — Le conseiller intime de Ménélick. — La mer Rouge.

De Beira à Marseille, le voyage est encore assez long et ne manque certes pas d'intérêt. Nous l'avons effectué à bord de la *Gironde* des messageries maritimes, de Beira à Diégo-Suarez, au nord-est de l'île de Madagascar, avec escale à Mozambique, sur le canal de ce nom ; puis, à partir de Diégo-Suarez, à bord du *Djemnah*, qui vient des îles de la Réunion et de Tamatave, ramenant en France, pour un congé bien mérité, le général Galliéni.

Les souvenirs abondent: pendant la nuit qui a suivi notre départ nous avons doublé l'embouchure du Zambèze, puis voici Mozambique que nous saluons au passage et qui offre un spectacle absolument enchanteur, avec ses vieilles maisons portugaises et plus que centenaires, ses constructions modernes à toit plat, blanches, roses, rougeâtres, se détachant en groupements pittoresques sur le bleu de la mer, encadrées par des cocotiers aux formes gracieuses. Un clocher d'un blanc très pur domine cet ensemble. Enfin, en suivant la côte, se présente un village indigène dont les huttes de roseaux de teintes sombres forment un vif contraste avec la ville portugaise. Dans la rade, de nombreuses embarcations aux blanches voiles et des « dhaws » battant le pavillon turc; ces dernières ne contiendraient-elles pas des esclaves?

Dans la rade de la ville de Mozambique.

Grâce à l'autorisation du capitaine Rivière, dont l'extrême obligeance ne s'est pas un instant démentie, nous pouvons, M. Rist, un troisième voyageur et moi, aller à terre dans la matinée et parcourir la ville de Mozambique.

Le village indigène à Mozambique.

La chaleur est déjà intense. Nous nous rendons au marché, assez bruyant, où se débitent des bananes, des citrons, des pommes de canelle, des arachides, du tabac, du piment, des feuilles de bétel, etc. Les rues sont propres, le plus souvent étroites ; en voici une flanquée d'un trottoir dallé de marbre blanc et noir. L'église de Sao Paolo est plus intéressante de loin que de près ; nous passons près d'une caserne où sont postés des soldats indigènes revêtus d'uniformes en coutil avec des revers rouges. Non loin d'un grand jardin public, véritable bouquet de fleurs, nous voyons l'hôpital, dont le docteur Rist chante merveille, après une courte visite qu'il vient d'y faire. Enfin, par une belle avenue de figuiers, nous poussons jusqu'au village indigène caché au milieu des cocotiers et qui nous transporte dans un autre monde.

L'île sur laquelle s'élève la ville de Mozambique a une longueur de quatre kilomètres. Il se fait là un grand commerce. Les indigènes apportent à Mesaril, une ville placée sur la terre ferme, de l'or, de l'argent, du fer, de l'ivoire, des graines de sésame, de l'huile, du sorgho, de l'arrowroot, de l'écaille, de l'indigo.

Nous avons été frappés du grand nombre

d'Indous rencontrés, se livrant au commerce et semblant être dans une position prospère.

... Diégo-Suarez, Madagascar ! Cette splendide rade de Diégo-Suarez pourrait sans doute, vu ses dimensions, servir de lieu de refuge aux flottes réunies du monde entier. On peut diviser la rade de Diégo-Suarez en deux parties. Au nord la baie du Tonnerre qui est séparée de la baie des Cailloux Blancs par le cap Vertomanitry, ces baies sont frangées par des montagnes plus ou moins élevées, boisées et très découpées. Au sud, après avoir longé la bande de terre du cap Andronomody et le phare au sommet duquel flotte le drapeau tricolore, nous passons devant la baie des Français. Celle-ci est séparée de la baie du Port de la Nièvre par la Pointe du Corail, sur les flancs de laquelle est bâtie la ville d'Antsirana. Nous débarquons à Antsirana, qui s'élève en gradins au bord de la mer, et où nous trouvons 5000 à 6000 hommes de garnison, infanterie de marine et artilleurs. Les maisons d'Antsirana comprennent un étage ou seulement un rez-de-chaussée. Elles sont construites en bois. La ville est certainement plus avenante vue de la mer que lorsque on y a débarqué. Nous parcourons dans sa longueur la chaussée qui du nord au sud traverse Antsirana et qui aboutit à la campagne. Ici et là nous découvrons de beaux points de vue, au sud sur le Mont d'Ambre et les montagnes qui l'entourent, au nord sur la mer. Nous croisons des chariots traînés par des zèbres, ces animaux à la tête fine et qui sauf un garrot énorme, sont bien proportionnés. — Groupes pittoresques d'hommes et de femmes malgaches à la démarche légère; les femmes, dont la peau bronzée ressort au milieu des cotonnades blanches ou de couleurs voyantes dont elles aiment à se parer, attirent l'attention par les étranges combinaisons qu'elles font subir à leur chevelure, combinaisons variant à l'infini et qui souvent ne manquent pas d'originalité. Voici une Malgache dont l'épaisse toison noire est séparée par plusieurs raies parallèles, tandis que celle de sa compagne est couverte de nombreuses papillotes savamment superposées. — Antsirana occupe une position stratégique de premier ordre, mais le commerce n'y est pas important.

L'après-midi de notre arrivée à Antsirana, le *Djemnah* arrive majestueusement. Le pavillon du général Galliéni, gouverneur de Madagascar et de ses dépendances, le bleu foncé avec un petit écusson rouge et blanc, flotte au grand mât. Grande agitation à terre, où l'on vient d'élever un arc de triomphe sur la jetée, pendant que déjà les troupes se massent. Au moment où le général met pied à terre, le canon tonne.

...Nous avons pris congé du brave capitaine Rivière et nous nous sommes transbordés le soir même de son arrivée, sur le *Djemnah*. Beaucoup de monde y prend place, dont un bon nombre de soldats anémiés par les fièvres et qui ne reverront probablement pas tous la France aimée. Je partage ma cabine avec le docteur Rist, qui se rend en Egypte.

Au petit jour, monté sur le gaillard d'avant, je vois arriver les malheureux zébus qui doivent servir à notre nourriture. Ils sont hissés à bord par le treuil. On me dit parfois que du rivage au steamer, l'un d'eux devient la proie des requins qui pullulent dans la rade de Diégo-Suarez. On me donne la photographie de l'un de ces requins, capturé en 1898 par l'équipage de la *Gironde* : il mesure entre 19 et 20 pieds, et son poids a été estimé à 400 livres environ.

J'ai eu plusieurs fois l'occasion de m'entretenir avec le général Galliéni : grand, maigre, toujours correct, c'est le type du gentleman sous le soldat. Il m'accueillit d'une manière très affable, en me disant que nous sommes collègues, puisque nous faisons partie l'un et l'autre de la Société de géographie de Paris. Il me pose plusieurs questions sur le pays des ba-Rotsi, puis me parle de ses différentes explorations au Soudan, au Tonkin et ailleurs. C'est un homme qui a des vues d'ensemble sur les événements importants qui s'accomplissent en ce moment concernant la conquête de l'Afrique par les grandes nations civilisées. En ce qui regarde Madagascar, il me dit être arrivé à la conviction que les missions protestantes dans cette île, les sociétés anglaises aussi bien que les autres, poursuivent une œuvre exempte de toute arrière-pensée politique. Il admire beaucoup les missions norvégiennes, qui ont fondé à Madagascar, une école pour jeunes filles, où les élèves recueillies depuis le plus jeune âge, sont gardées jusqu'au moment de leur mariage, et formées en vue de leur futur rôle de mères de famille. Il témoigne sa haute estime pour la Société des missions évangéliques de Paris et pour ses deux délégués, M. Bœgner, son directeur et M. Paul Germond, notre compatriote vaudois, dont il partage le sentiment au sujet du rôle des écoles professionnelles. Une ancienne propriété de la reine de Madagascar a été mise pour ces écoles à la disposition de la Société de Paris. Le gouverneur a étudié la situation confessionnelle à Madagascar avec toute la loyauté d'un homme énergique et voulant le bien, et il est décidé à assurer sur ces terres lointaines, le respect des différents cultes et des lois qui les garantissent.

Partis le 7 mai des eaux malgaches, nous passons l'équateur le 9 à six

A bord du « DJEMNAH »

Le général Galliéni, Gouverneur de Madagascar et de ses dépendances.

heures du soir, et naviguerons désormais dans l'hémisphère nord.

Je ferai grâce à mes lecteurs de certains détails très personnels : de longues journées et des nuits plus longues encore, passées dans une fièvre brûlante, me causant une faiblesse, une transpiration continuelle, ainsi que des insomnies pénibles. Et que dire de cette cabine surchauffée au milieu des réverbérations du soleil ! Mais dans ma vie de voyageur j'ai fait des expériences plus douloureuses... Je sais que Celui qui tient notre destinée entre ses mains est Tout-Puissant... et que, « quoi qu'il arrive, il ne faut pas se décourager »... En outre, n'ai-je pas le privilège d'avoir à mes côtés le brave Dr Rist, qui m'administre force quinine, sinapismes, etc. ?

Le 14 mai nous jetons l'ancre devant Djiboutil devenue terre française depuis sept années ; cette ville est située sur la côte des Somalis au sud-est de la baie de Tadjoura. On me dit que Djiboutil possède une population de 12,000 habitants parmi lesquels on compte 1,200 Européens. Dépôt de charbon et importations diverses.

Djiboutil forme la tête de ligne du chemin de fer éthiopien ou abyssin, soit la ligne ferrée qui est actuellement en construction de Harrar — 320 kilom., — Entolo — 750 kilom.

En rade de Djiboutil nous voyons plusieurs vaisseaux battant le pavillon français et à bâbord tout près de notre ancrage, un croiseur sous pression va ramener en France le valeureux commandant Marchand qui, ainsi que ses compagnons de voyage sont attendus d'un jour à l'autre.

Un Européen, conseiller intime de Ménélick, le roi des Abyssins, s'est embarqué à bord du *Djemnah* et je l'entends déplorer l'intrusion des Européens en Abyssinie ; on aurait dû comprendre en Europe, me dit-il un jour, qu'il fallait respecter les Abyssins, augmenter leur force et non pas l'amoindrir. D'après lui, les Abyssins qui sont guerriers de naissance, auraient pu en cas de nécessité mettre 500,000 hommes sur pied de guerre ; ils serviraient ainsi de « tampon » contre les innombrables tribus musulmanes qui les entourent, tribus dangereuses et qui toutes détestent les « Ghiaours ».

Le 15 mai, après avoir passé le détroit de Bab-el-Mandeb, nous débouchions dans la mer Rouge, que je traversais pour la quatrième fois; la chaleur est toujours forte : on me dit que sur le pont, à l'ombre et malgré les doubles tentes, le thermomètre est monté jusqu'à 35°5, centigrades.

Nous perdons sur la mer Rouge une dame française des colonies qui se rendait en France avec son mari, pour sa santé. Un voile de deuil nous enveloppe tous. Allant moi-même mieux, je suis invité à participer à l'émouvante cérémonie de l'ensevelissement en mer.

Le 18 mai, nous voyons le Sinaï au matin et on nous annonce Suez pour le soir. C'est là que j'ai pris congé, avec reconnaissance, du docteur Rist, se rendant à Alexandrie pour prendre possession de ses nouvelles fonctions de médecin inspecteur général des services sanitaires en Egypte.

Nous sommes maintenant dans des régions familières et l'on n'attend pas de nous une description du parcours sur la Méditerranée jusqu'à Marseille, où nous arrivons le 25 mai et débarquons avec quelques retards causés par les formalités sanitaires. Nous prenons, comme compagnons de voyage, notre petite part des honneurs rendus au général Galliéni, et chacun poursuit sa route vers le point où l'appellent ses affections ou ses devoirs. Pour moi, je regagne Genève. Je suis impatient de me débarrasser entièrement de la fièvre, et il n'est pas besoin de dire que je suis obsédé par tant de souvenirs qui me reviennent en foule, et qui me font penser aux destinées encore inconnues du vaste continent noir déchirant les ténèbres de sa nuit séculaire, et à son futur rôle économique, social, religieux, civilisateur.

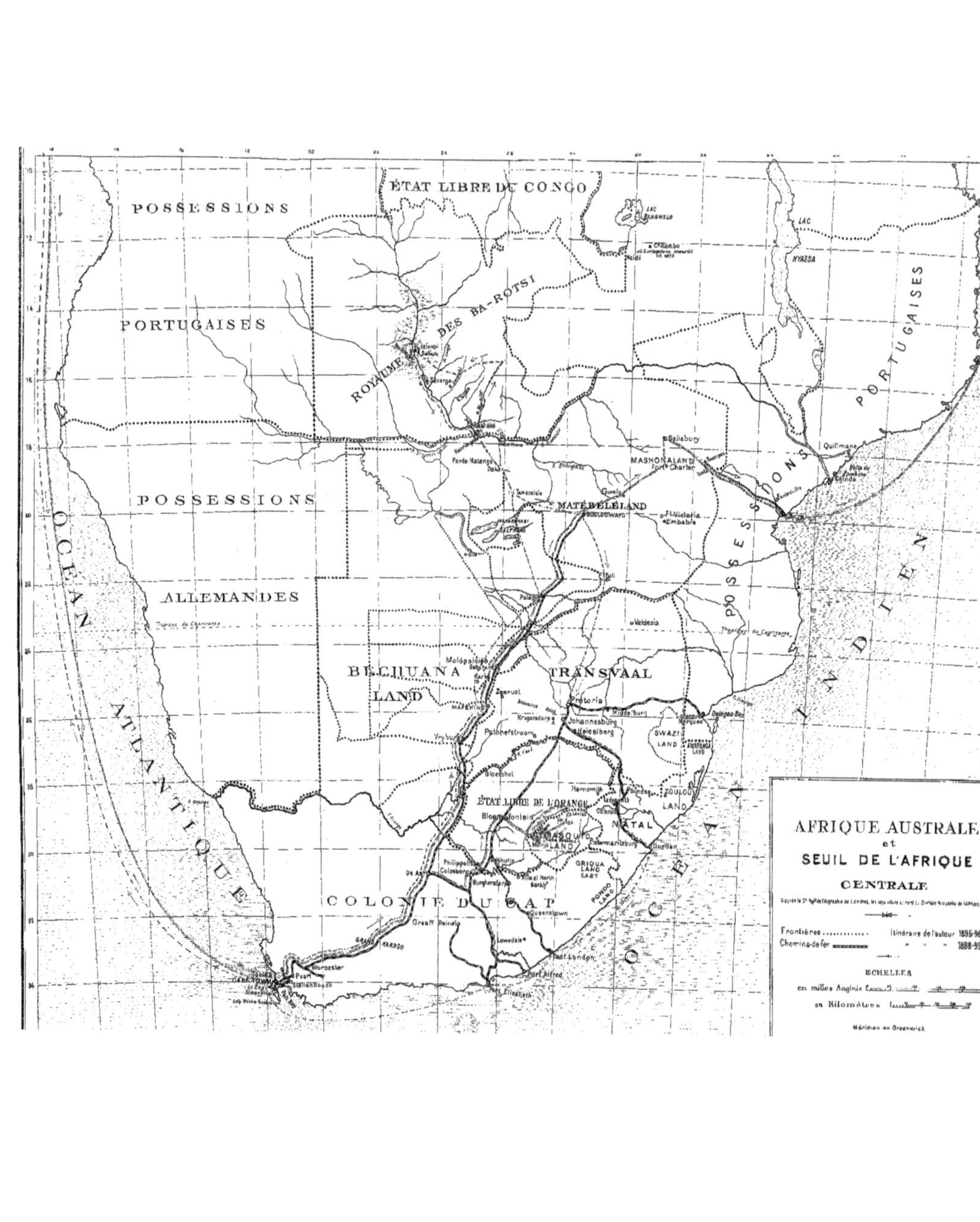
AFRIQUE AUSTRALE
et
SEUIL DE L'AFRIQUE
CENTRALE
Frontières
Itinéraire de l'auteur 1895-96
Chemins-de-fer
1898-99
ECHELLES
en milles Anglais
en Kilomètres
Méridien de Greenwich
ÉTAT LIBRE DU CONGO
POSSESSIONS
PORTUGAISES
ROYAUME DES BA-ROTSI
POSSESSIONS
ALLEMANDES
OCÉAN ATLANTIQUE
BECHUANA LAND
TRANSVAAL
MATÉBÉLÉLAND
MASHONALAND
POSSESSIONS PORTUGAISES
OCÉAN INDIEN
ÉTAT LIBRE DE L'ORANGE
BASOUTO LAND
NATAL
SWAZI LAND
ZOULOU LAND
GRIQUA LAND EAST
PONDO LAND
COLONIE DU CAP
LAC NYASSA
Salisbury
Fort Charter
Quilimane
Gwelo
Buluwayo
Ft Victoria
Zimbabie
Valdezia
Palapye
Molopolole
Mafeking
Zeerust
Pretoria
Middelburg
Johannesburg
Krugersdorp
Potchefstroom
Vryburg
Heidelberg
Lourenço Marques
Delagoa Bay
Bloemhof
Harrismith
Bloemfontein
Pietermaritzburg
Durban
Philippolis
Colesberg
De Aar
Burghersdorp
Aliwal North
Queenstown
Graaff Reinet
Lowedale
East London
Port Alfred
Port Elizabeth
Worcester
Paarl
Stellenbosch
Cape Town
Simonstown
Tropique du Capricorne

TABLE DES GRAVURES

ET TABLE DES MATIÈRES

TABLE DES GRAVURES

Pages

1. Le Missionnaire Coillard et M. Alfred Bertrand 4
2. Le roi Léwanika autrefois 20
3. Le roi Léwanika aujourd'hui 21
4. M. le Missionnaire Coillard 30
5. Blœmfontein 40
6. Le « cart » 48
7. A « Leuw River » 49
8. Nous passons en bac le Calédon 58
9. La nouvelle école biblique de Morija . . . 60
10. Une chaleureuse réception 64
11. Lérotholi, le grand chef des ba-Souto, et M. Louis Mabille 67
12. Le temple de Morija 70

Pages

13. Thaba-Bossiou, la station missionnaire de M. Edouard Jacottet 79
14. Dimanche 80
15. Le chef Masopha et sa suite 82
16. Une famille chez les ba-Souto 92
17. La maison construite par M. Coillard à Léribé 94
18. Le temple de Léribé 96
19. Cavaliers indigènes 101
20. Guerriers ba-Souto et M. Dieterlen. 103
21. Un village au Pays des ba-Souto 106
22. A Palapye — Khama, le roi des ba-Mangwato, et M. Coillard 114
23. A Palapye — Après la réunion publique dans le « lèkhotla » du roi Khama 116
24. Le meilleur hôtel de Boulouwayo en 1895 . 118
25. Le meilleur hôtel de Boulouwayo en 1899 . 119
26. La colonne missionnaire qui accompagnera M. Coillard au Pays des ba-Rotsi (Haut-Zambèze) 120
27. Avant le départ de l'expédition ! Quelques-uns des chariots 122
28. Le « coach » s'embourbe 129
29. Encore ! 130
30. Arrêté par la fièvre à l'Infirmerie de Salisbury 142
31. Au Pays des ma-Shona 148

Pages

32. En détresse 160
33. Dans les hautes herbes 162
34. Russapee dans le Mashonaland, où nous trouvons la première station organisée du chemin de fer Beira-Umtali-Salisbury . . 164
35. Une rue à Beira 172
36. Dans la rade de la ville de Mozambique . . 180
37. Le village indigène à Mozambique 181
38. A bord du «Djemnah» — Le général Galliéni, gouverneur de Madagascar et de ses dépendances 188

Une carte.

TABLE DES MATIÈRES

CHAPITRE I.

En route.

Pages

Le départ. — En mer. — Aux « Zambézias » . 11

CHAPITRE II.

Arrivée au Cap.

Noël à bord. — La ville du Cap et ses environs. Une entrevue avec M. Cecil Rhodes. — Au sommet de la montagne de la Table. — Une nouvelle « Zambézia » 27

CHAPITRE III.

Dans l'Etat libre d'Orange.

Pages

Blœmfontein, capitale de l'Etat libre d'Orange. — Une audience du Président de la République. — Quelques données sur l'Etat libre d'Orange 39

CHAPITRE IV.

L'Agriculture à Leuwriver.

Le domaine de Leuwriver dans le « Conquered Territory » 47

CHAPITRE V.

Au pays des Ba-Souto.

Visite de M. Coillard après quinze années d'absence. — L'œuvre de civilisation chrétienne accomplie par la Société des Missions évangéliques de Paris. — Morija. — Le grand chef Lérotholi 57

CHAPITRE VI.

Tournée chez les Ba-Souto.

Les environs de Morija. — A cheval ! — Thaba-Bossiou « La montagne de la nuit ». — A la grotte de Haba-Roana 75

CHAPITRE VII.

Vue d'ensemble sur le pays des Ba-Souto.

Pages

Au sommet du Machaché, 3000 mètres. — La configuration du Basoutoland, appelé la Suisse de l'Afrique méridionale. — Cana. Léribé. — L'organisation de la Mission. — Ses résultats. — Situation actuelle et notes générales sur le pays des ba-Souto. 89

CHAPITRE VIII.

En route pour Boulouwayo.

Du pays des ba-Souto à celui des ma-Tébélé par l'Etat libre d'Orange. — Kimberley. — Maféking. — A Palapye. Visite à Khama, le roi des ba-Mangwato. — Arrivée à Boulouwayo ; progrès accomplis dans cette ville depuis 1895. — Organisation et départ de l'expédition de M. Coillard 111

CHAPITRE IX.

A travers la Rhodésia.

En coach à travers le Matébéléland et le Mashonaland. — A Salisbury, sa fondation et les difficultés qu'eurent à surmonter ses premiers pionniers. — Les cruels ma-Tébélé. 127

CHAPITRE X.

La capitale de la Rhodésia.

Pages

Salisbury, capitale officielle de la Rhodésia. — Elle va être reliée à l'Océan Indien ; modifications au point de vue économique. — L'élection du Conseil législatif. — La Rhodésia. — On y trouve les débris de la nation des ba-Rotsi ; leur influence auprès des indigènes. — Un épisode de la révolte de 1896 141

CHAPITRE XI.

Le chemin de fer Beira-Umtali-Salisbury (Colonie portugaise est-africaine).

De Salisbury à Russapee, la première station organisée du chemin de fer de Beira-Umtali à Salisbury. — Une ville qui se déplace. — A travers le territoire de la Compagnie de Mozambique de New-Umtali à Beira. — La ligne ferrée. — Le pays de la mort. Le port de Beira sur l'Océan Indien . . . 157

CHAPITRE XII

Le retour par la côte orientale.

Pages

En mer : de Beira à Marseille. — La ville de Mozambique. — Diégo-Suarez N.-E. de Madagascar. — Rencontre du général Galliéni à bord du « Djemnah ». — Djiboutil. — Le conseiller intime de Ménélick. — La Mer Rouge 179

DU MÊME AUTEUR :

Au Pays des ba-Rotsi

HAUT-ZAMBÈZE

VOYAGE D'EXPLORATION EN AFRIQUE

et retour par les Chutes Victoria, le Matébéléland, le Transvaal, Natal, le Cap.

Ouvrage illustré de 105 gravures et de deux cartes.

PARIS — HACHETTE 1898

Traduction anglaise par A.-B. MIALL :

THE KINGDOM OF THE BAROTSI

Upper Zambezia

A VOYAGE OF EXPLORATION IN AFRICA

Returning by the Victoria Falls, Matabeleland, the Transvaal, Natal and the Cape.

With 97 illustrations and two maps.

LONDON : T. FISHER-UNWIN, Paternoster Square, 1899.

www.ingramcontent.com/pod-product-compliance
Ingram Content Group UK Ltd.
Pitfield, Milton Keynes, MK11 3LW, UK
UKHW020214250726
13967UKWH00003B/1470